Jürgen Ruge

Technologie
der Werkstoffe

für Studenten des Maschinenbaus
und der Verfahrenstechnik ab 1. Semester

Mit 266 Bildern und 50 Tabellen

3., durchgesehene Auflage

Friedr. Vieweg & Sohn   Braunschweig/Wiesbaden

CIP-Kurztitelaufnahme der Deutschen Bibliothek

Ruge, Jürgen:
Technologie der Werkstoffe: für Studenten d.
Maschinenbaus u. d. Verfahrenstechnik ab
1. Sem./Jürgen Ruge. — 3., durchges. Aufl. —
Braunschweig; Wiesbaden: Vieweg, 1983.
  (Uni-Text)
  ISBN 3-528-23021-5

Prof. Dr.-Ing. *Jürgen Ruge* ist Inhaber des Lehrstuhls für Schweißtechnik und
Werkstofftechnologie der Technischen Universität Braunschweig

Verlagsredaktion: *Alfred Schubert, Willy Ebert*

1. Auflage 1972
2. Auflage 1979
3., durchgesehene Auflage 1983

Satz: Friedr. Vieweg & Sohn, Braunschweig
Druck und buchbinderische Verarbeitung: W. Langelüddecke, Braunschweig
Printed in West-Germany

ISBN 3-528-23021-5 (Paperback)

Vorwort

Die Werkstofftechnologie ist ein Teilgebiet der Werkstoffwissenschaften. Der Ausdruck „Technologie" als Begriff bedarf dabei einer neuen Definition, da er z.Z. in unterschiedlicher Bedeutung verwendet wird. Hier soll unter Werkstofftechnologie die Lehre von der Erzeugung und Verarbeitung der Werkstoffe zu Halb- und Fertigfabrikaten verstanden werden.

Das Buch wendet sich in erster Linie an Studenten der Ingenieurwissenschaften und lehnt sich an eine entsprechende Vorlesung an, die vom Verfasser am Institut für Schweißtechnik und Werkstofftechnologie der TU Braunschweig gehalten wird. Der Zwang zur Stoffbegrenzung führt dazu, daß die Nichteisenmetalle trotz ihrer Bedeutung nur gestreift werden können. Da die Maschinenbaustudenten in den ersten Semestern vorwiegend mit naturwissenschaftlichen Grundlagen konfrontiert werden, hinter denen die Ingenieurwissenschaften zunächst zurücktreten müssen, wurde besonderer Wert darauf gelegt, die Fragen der Werkstofftechnologie möglichst praxisnah zu gestalten. Dies kommt insbesondere zum Ausdruck in der Behandlung der für die Massenfertigung bedeutsamen spanlosen Umformverfahren, der Gießereitechnik und der Materialprüfung. Dagegen konnten die spangebenden Umformverfahren und die Schweißtechnik nicht berücksichtigt werden. Das außergewöhnlich umfangreiche Bildmaterial soll das Verständnis für den dargebotenen Stoff erleichtern und dem Studenten unnötige Zeichenarbeit ersparen.

Herrn Dr.-Ing. *W. Herrnkind* sowie meinen Mitarbeitern, den Herren Dipl.-Phys. *H.-D. Wallheinke* und *H. Wösle* sei für ihre Unterstützung bei Abfassung und Korrektur des Manuskriptes herzlich gedankt, desgleichen Frau *G. Köter* für die Anfertigung der Gefügeaufnahmen und Herrn *P. Schindler* für die Herstellung der zahlreichen Zeichnungen. Dem Verlag schließlich, insbesondere Herrn *A. Schubert*, gilt mein besonderer Dank für sorgfältige Drucklegung und angenehme Zusammenarbeit.

Braunschweig, im Juli 1971   *Jürgen Ruge*

Vorwort zur 2. Auflage

Für die zweite Auflage wurde eine veränderte Gliederung gewählt, um den „roten Faden" deutlich werden zu lassen, der von den wichtigsten werkstoffkundlichen Grundlagen über die Werkstoffherstellung und Werkstoffprüfung sowie die Weiterverarbeitung zu Halbzeugen und Fertigfabrikaten bis zur Anwendung führt. Nicht verändert dagegen hat sich der Zweck des Buches als vorlesungsbegleitende Unterlage für Studenten der Ingenieurwissenschaften.

Alle Kapitel wurden auf den neuesten Stand gebracht und teils gestrafft, teils ergänzt, wobei darauf geachtet wurde, den Gesamtumfang nicht zu vergrößern. Ergänzungen finden sich bei der Stahlherstellung (Gasreduktionsverfahren, OBM-Konverter, AOD-Verfahren, Vakuumguß), bei der Behandlung der NE-Metalle (Leichtmetalle, Hartmetalle), der nichtmetallischen Werkstoffe (keramische Werkstoffe, Kunststoffe: Verformungsverhalten bei Erwärmung, elektrostatische Aufladung, neue Fluorkunststoffe, Schaumstoffe, Metallisieren von Kunststoffen). Im Bereich Werkstoffprüfung wurde DIN 50 145 berücksichtigt und bei der Weiterverarbeitung die thermomechanische Behandlung erwähnt. Kurze Abschnitte über Pulvermetallurgie, Bandgießen und Gießwalzen wurden eingefügt. Neu sind Übersichten über das Schweißen, Löten und Kleben von Metallen sowie die entsprechenden Fügeverfahren für Kunststoffe.

Im übrigen wurden bei der Überarbeitung neue Normen ebenso berücksichtigt wie die konsequente Anwendung der physikalisch-technischen Maßeinheiten des SI-Systems (Système International d'Unités) gemäß dem Gesetz über Einheiten im Meßwesen vom 2. Juli 1969.

Jürgen Ruge

Inhaltsverzeichnis

1 Der Begriff „Werkstofftechnologie"

Unter Werkstofftechnologie soll die Lehre von der Erzeugung der Werkstoffe und ihrer Verarbeitung zu Halb- und Fertigprodukten verstanden werden. Man unterscheidet:

a) *Chemische Technologie* (= chemische Umwandlung der Rohstoffe in Werkstoffe).

b) *Mechanische Technologie* (= mechanische Verarbeitung der Werkstoffe; Formgebung).

2 Einführung in die Werkstoffkunde

Je nach Anordnung der Atome sind feste Körper amorph (z.B. Glas) oder kristallin (z.B. Metalle) aufgebaut. Der Nachweis der kristallinen Struktur der Metalle gelang 1912 *Max von Laue* und seinen Mitarbeitern durch Röntgenstrahlinterferenzen. Dies war möglich, weil die Wellenlänge der Röntgenstrahlen um 10^{-8} cm liegt und die Atomabstände einige 10^{-8} cm betragen. Bei bekannter Wellenlänge λ der Röntgenstrahlen lassen sich Abstand und Anordnung der Atome im Gitter ermitteln.

Die kleinste Einheit, die den Aufbau bestimmt, ist die Elementarzelle (EZ). Fügt man an eine solche Elementarzelle in den drei Richtungen des Raumes weitere hinzu, so erhält man das *Raumgitter*. Die Kantenlänge der Elementarzelle nennt man die *Gitterkonstante*, Ebenen, die in gleichmäßigen Abständen mit Atomen besetzt sind, *Netzebenen*.

2.1 Kristallisationsformen

Die meisten Metalle erstarren im kubischen oder im hexagonalen System.

Kubisch primitives Gitter (kommt in der Natur nicht vor!), Bild 1

Zahl der Atome je EZ: 1

Koordinationszahl (Zahl der nächsten Nachbarn, d.h. Zahl der Atome, die von einem Atom den kürzesten, gleich großen Abstand aufweisen): 6

Raumerfüllung RE: 52 %

$$V_{EZ} = a^3$$

$$V_{Kugel} = \frac{4}{3}\pi r^3; \quad \text{mit } r = \frac{a}{2} \text{ wird } V_{Kugel} = \frac{\pi a^3}{6}$$

$$RE = \frac{V_{Kugel}}{V_{EZ}} \cdot 100 = \frac{\pi}{6} \cdot 100 = 52\,\%$$

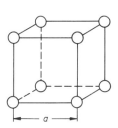

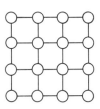

Bild 1 Kubisch primitives Gitter

Kubisch raumzentriertes Gitter (krz), Bild 2

Zahl der Atome je EZ   2
Koordinationszahl   8
Raumerfüllung   68 %

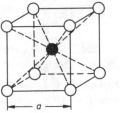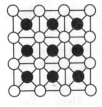

Bild 2 Kubisch raumzentriertes Gitter

Beispiele:

Metall	α-Eisen	Chrom	Wolfram	Tantal	Molybdän
Gitterkonstante in 10^{-8} cm	2,87	2,87	3,15	3,29	3,14

Kubisch flächenzentriertes Gitter (kfz), Bild 3

Zahl der Atome je EZ   4
Koordinationszahl   12
Raumerfüllung   74 %

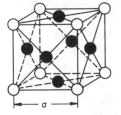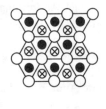

Bild 3 Kubisch flächenzentriertes Gitter

Die hohe Koordinationszahl und die dichte Kugelpackung sind Voraussetzung für große Kristallplastizität.

Beispiele:

Metall	Aluminium	γ-Eisen	Nickel	Kupfer	Silber	Gold	Blei
Gitterkonstante in 10^{-8} cm	4,04	3,65	3,52	3,61	4,08	4,07	4,90

Hexagonales Gitter, Bild 4

Zahl der Atome je EZ   6 bzw. 2 (große bzw. kleine EZ)
Koordinationszahl   12
Raumerfüllung   74 %

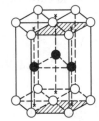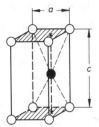

Bild 4 Hexagonales Gitter
(große und kleine EZ)

Beispiele:

Metall	Parameter	Magnesium	Kadmium	Zink	Zirkon
Gitterkonstante in 10^{-8} cm	a	3,21	2,38	2,66	3,23
	c	5,21	5,62	4,95	5,15

Auch dichteste Kugelpackung, aber schlecht verformbar, da wenig Gleitebenen zur Verfügung stehen. Nur die Basisebene ist wirksam.

Allotrope Modifikationen

Manche Stoffe, darunter wichtige Metalle, können in zwei oder mehr Kristallarten kristallisieren. Solche Kristallarten bezeichnet man als allotrope Modifikationen des Stoffes.

2.2 Entstehung von Kristallen

In der Schmelze liegen die Atome in weitgehend ungeordnetem Zustand vor. Die Kristallisation beginnt mit der Bildung von *Keimen.* Arteigene Keime können in Form von Kristallresten in nur wenig über den Schmelzpunkt hinaus erwärmten Metallen auftreten oder als Gruppen von zufällig geordnet vorliegenden Atomen, wofür eine gewisse Unterkühlung vorhanden sein muß. Artfremde Keime werden von Verunreinigungen gebildet.

Die Bedingungen für ein Kristallwachstum sind nicht nach allen Wachstumsrichtungen hin gleich günstig. Bei kubisch kristallisierenden Metallen sind z.B. die Oktaederecken bevorzugt. Dadurch ergibt sich ein räumliches Kristallskelett (Dendrite, Tannenbaumkristalle, Bild 5), wobei vor allem ein Wachstum entgegen der Richtung des Wärmeabflusses erfolgt (Stengelkristallisation). Die Skelette wachsen zu einem Kristall, der sich vergrößert, bis er an den nächsten stößt bzw. bis keine Schmelze mehr vorhanden ist. Schleift, poliert und ätzt man ein Metall nach der Abkühlung, so erkennt man unter dem Mikroskop die ein-

Bild 5
Tannenbaumkristalle

zelnen Kristallite oder Körner. Sie haben quasiisotropen Charakter, d.h. jedes Korn hat eine bestimmte Orientierung (Lage) der Kristallachsen, die sich von Korn zu Korn an den Korngrenzen ändert. Die Körner sind unterschiedlich anätzbar. Im allgemeinen liegen die Metalle als Vielkristalle (Polykristalle) vor. Unter besonderen Umständen lassen sich auch Einkristalle mit einer einzigen Orientierung züchten (Körper aus einem einzigen Korn), an denen die Abhängigkeit verschiedener Eigenschaften von der Orientierung untersucht werden kann. Bei allotropen Umwandlungen erhält man im allgemeinen mehr oder weniger kugelige Körner (Sekundärgefüge), sogenannte Globulite.

Bild 6 gibt den Zusammenhang zwischen Keimzahl und Kristallisationsgeschwindigkeit einerseits und Unterkühlung andererseits wieder. Bei geringer Unterkühlung, geringer Keimzahl und hoher Kristallisationsgeschwindigkeit ergibt sich ein grobes Korn mit ungünstigen mechanischen Eigenschaften (im Extremfall ein Einkristall). Bei stärkerer Unterkühlung und großer Keimzahl dagegen erhält man ein feines Korn (Kokillenguß).

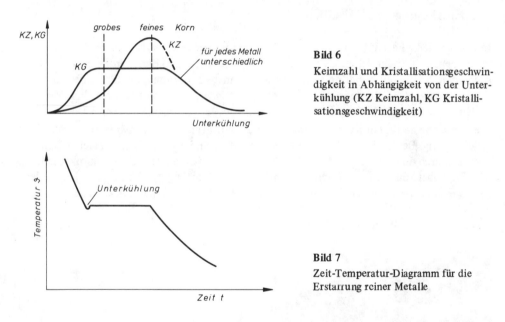

Bild 6

Keimzahl und Kristallisationsgeschwindigkeit in Abhängigkeit von der Unterkühlung (KZ Keimzahl, KG Kristallisationsgeschwindigkeit)

Bild 7
Zeit-Temperatur-Diagramm für die Erstarrung reiner Metalle

Der Verlauf der Erstarrung läßt sich anhand von Bild 7 verfolgen. Bei reinen Metallen ergibt sich am Schmelzpunkt ein „Haltepunkt".

2.3 Bindekräfte

Um den Kristallverband zusammenzuhalten, sind Bindekräfte erforderlich. Werden zwei Atome einander genähert, so zieht der Kern des einen die Elektronenwolke des anderen an. Diese Anziehungskraft wächst mit kleiner werdendem Abstand (Bild 8), bis bei noch weiterer Annäherung Abstoßungskräfte wirksam werden. Zwischen Abstoßung und Anziehung besteht im Punkt kleinster potentieller Energie Gleichgewicht (Ruhelage).

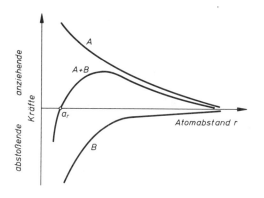

Bild 8

Schematische Darstellung des Verlaufes
der Bindekräfte von Atomen

A   anziehende Kraft zwischen Elektro-
      nengas und Atomkern,

B   abstoßende Kraft zwischen zwei
      Kernen,

A + B   resultierende Kraft,

a_r Abstand nächster Nachbarn

Um diese Ruhelage schwingen die Atome, wobei die Schwingungsamplitude temperatur-
abhängig ist. Bei Erhöhung der Schwingungsamplitude verschiebt sich die Ruhelage, d.h.
der Abstand vergrößert sich, weil die abstoßenden Kräfte rascher zunehmen als die anzie-
henden. Daraus läßt sich die Wärmedehnung erklären.

2.4 Platzwechsel, Leerstellen, Diffusion

Selbstdiffusion

Atome können ihren Platz im Gitter wechseln, und zwar im Austausch mit leeren
Plätzen = Leerstellen (Bild 9a). Ist U_{Lw} die Energie, die zugeführt werden muß, damit
ein Atom wandert, so ist die Wahrscheinlichkeit eines Sprunges in die benachbarte Leer-
stelle

$$W = e^{\frac{-U_{Lw}}{RT}}$$

R Gaskonstante
T Absolute Temperatur

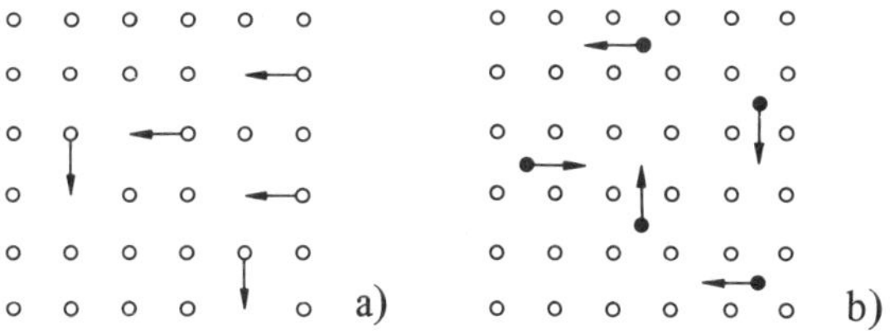

Bild 9

Diffusionsmodelle

a) Modell der Leerstellendiffusion

b) Modell der Zwischengitterdiffusion

∘ Atom A, • Atom B

Die Leerstellenkonzentration ist abhängig von der molaren Bildungsenergie der Leerstellen

$$c_L = \frac{n}{N} = e^{\frac{-U_{LB}}{RT}}$$

n   Zahl der Leerstellen
N   Zahl der Atome
U_{LB} Bildungsenergie der Leerstellen

Als Maßstab für den Massenfluß in der Zeiteinheit je Einheitsquerschnitt wählt man den
Diffusionskoeffizienten D,

$$D = D_0 \cdot e^{\frac{-(U_{Lw} + U_{LB})}{RT}} \quad \text{in } \frac{cm^2}{s}$$

mit der Aktivierungsenergie der Diffusion

$$Q = U_{Lw} + U_{LB} \quad \text{(Energie auf 1 Mol bezogen)}$$

Ein Nachweis von Leerstellen kann z.B. durch Dichtebestimmungen erfolgen. Die tatsächliche Dichte wird beim Vorhandensein von Leerstellen kleiner als die aus Atomgewicht, Gitterkonstante und Struktur errechnete Dichte (Röntgendichte). Die Selbstdiffusion läßt sich durch radioaktive Markierung nachweisen.

Fremddiffusion

Auch über Zwischengitteratome (Bild 9b) können Platzwechsel erfolgen, wenn eine kleinere Atomart (Verunreinigung) vorliegt, die auf Zwischengitterplätzen Platz findet. Eine solche Fremddiffusion ist bereits bei niedrigeren Temperaturen möglich als die Selbstdiffusion.

2.5 Legierungen

Eine Legierung besteht aus mindestens zwei chemischen Elementen, von denen eines ein Metall sein muß. Diese die Legierung aufbauenden metallischen und nichtmetallischen Stoffe bezeichnet man als *Komponenten* des Legierungssystems. Nur selten liegen die Komponenten in der Legierung in ihrer ursprünglichen Form vor. Vielfach reagieren sie bei der Erschmelzung und der nachfolgenden Abkühlung miteinander unter Bildung einer *festen Lösung*, d.h. von *Mischkristallen* oder von *Verbindungen* (z.B. Al_2Cu = intermetallische Verbindung oder Fe_3C = intermediäre Verbindung).

Mischkristalle

In Mischkristallen sind die Atome von zwei oder mehr Stoffen statistisch im Gitter verteilt, ohne Bindung an stöchiometrische Verhältnisse.

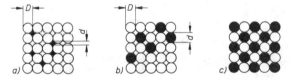

Bild 10
a) Einlagerungsmischkristall (schematisch)
b) Substitutionsmischkristall (schematisch)
c) Überstruktur, auch einphasige Entmischung (schematisch)

Einlagerungsmischkristalle sind entsprechend Bild 10a aufgebaut. Atome mit kleinem Atomradius befinden sich auf Zwischengitterplätzen (z.B. Wasserstoff im Eisengitter). Voraussetzung ist, daß

$$\frac{d}{D} < 0,58 \qquad \begin{array}{l} \text{d Atomdurchmesser des eingelagerten Elementes} \\ \text{D Atomdurchmesser des Grundmetalls} \end{array}$$

Außerdem muß das Grundmetall ein Übergangsmetall sein, also eine unaufgefüllte innere Elektronenschale aufweisen.

Substitutionsmischkristalle haben einen Aufbau gemäß Bild 10b. Die Gitterpunkte sind in zufälliger Anordnung mit Atomen der gelösten Stoffe besetzt (z.B. Kupfer-Nickel-Legierung). Voraussetzung ist ein ähnlicher Gittertyp und kein zu großer Unterschied in den Atomradien

$$\frac{d}{D} = 0{,}86 \text{ bis } 1{,}0$$

Überstruktur. Im Falle einer Anordnung gemäß Bild 10c, also einer sogenannten einphasigen Entmischung, liegt eine geordnete Mischkristallphase vor.

Der Atomdurchmesser bzw. Atomradius läßt sich über die Dichte bestimmen. Es sei N die spezifische Atomzahl und A das Atom- bzw. Molekulargewicht. Dann gilt

$$N = \frac{6 \cdot 10^{23}}{A} \quad \text{in } \frac{1}{g}$$

Ein Atom hat dann das Volumen

$$V_{at} = \frac{RE}{\rho N} \quad \text{in } \frac{cm^3}{Atom}$$

wenn man die Raumerfüllung RE berücksichtigt. Geht man davon aus, daß das Atom Kugelform hat (Kugelradius = r), dann ist

$$V_{at} = \frac{4}{3}\pi r^3 = \frac{RE}{\rho N}$$

$$(2r)^3 = \frac{6}{\pi} \cdot \frac{RE}{\rho N}, \qquad r = \frac{1}{2}\sqrt[3]{\frac{6}{\pi} \cdot \frac{RE}{\rho N}}$$

Wählt man als Beispiel kubisch raumzentriertes α-Eisen mit dem Atomgewicht A = 55,85, der Dichte ρ = 7,86 gcm^{-3} und der Raumerfüllung RE = 0,68, dann ergibt sich für den Atomradius

$$(2r)^3 = \frac{6 \cdot 0{,}68 \cdot 55{,}85}{\pi \cdot 7{,}86 \cdot 6 \cdot 10^{23}} = 15{,}38 \cdot 10^{-24} \quad \text{und} \quad r = 1{,}243 \cdot 10^{-8}\,cm$$

Da die Gitterkonstante von α-Eisen bekannt ist (vgl. die Beispiele von S. 2), läßt sich der gefundene Wert leicht kontrollieren. Aus den geometrischen Beziehungen der Elementarzelle kann man für die Länge der Raumdiagonalen entnehmen:

$$4r = a\sqrt{3}, \quad \text{also}$$

$$a = \frac{4}{3} \cdot \sqrt{3}\,r = \frac{4}{3} \cdot \sqrt{3} \cdot 1{,}243 \cdot 10^{-8} = 2{,}87 \cdot 10^{-8}\,cm$$

Intermetallische Phasen bilden ein Gitter, das von demjenigen der Ausgangsstoffe verschieden ist. Das atomare Mengenverhältnis der Partner ist innerhalb temperaturabhängiger Grenzen variabel.

Intermediäre Phasen sind Verbindungen aus Metall und Nichtmetall. Ein Beispiel hierfür ist Fe_3C in Stahl.

Phasen und Gefüge

Im vorangehenden Abschnitt tauchte erstmals der Begriff „Phase" auf. Wir verstehen darunter Teile eines Stoffes mit gleichartigem Aufbau. Wir sprechen von Gasphase, fester und flüssiger Phase, aber auch reine Komponenten, Mischkristalle und Verbindungen in Legierungen sind Phasen.

Unter Gefüge verstehen wir das, was man etwa bei einer metallografischen Untersuchung unter dem Metallmikroskop erkennt, also Körner, Korngrenzen und die Anordnung der festen Phasen im Metall. Ein Gefügebestandteil (z.B. Perlit) kann aus mehreren Phasen bestehen (α-Eisen und Fe_3C).

Die Gibbssche Phasenregel

Die Phasenregel liefert eine Beziehung zwischen der Zahl der an einem Legierungssystem beteiligten Komponenten und der Zahl der unter Gleichgewichtsbedingungen auftretenden Phasen bei beliebigem Druck. Sie lautet

$$F = N - p + 2$$

F   Zahl der Freiheitsgrade (Zahl der Zustandsgrößen Druck, Temperatur und Massengehalt, die sich frei ändern lassen, ohne daß sich die Zahl der Phasen ändert).

N   Zahl der Komponenten des Legierungssystems (2 Komponenten: Binäres System, 3 Komponenten: Ternäres System, 4 Komponenten: Quaternäres System usw.).

p   Zahl der Phasen.

Für Atmosphärendruck, der meist vorliegt ($p_A \approx 1$ bar), gilt entsprechend

$$F = N - p + 1$$

und für die meist vorliegenden binären Systeme (N = 2) weiter vereinfacht

$$F = 3 - p$$

Beispiele:

a) Sieden von Wasser bei beliebigem Druck

N = 1 (Wasser)
p = 2 (Wasser und Dampf)
F = N − p + 2 = 1 − 2 + 2
$\underline{F = 1}$

Ein Freiheitsgrad bleibt, also können Druck oder Temperatur sich ändern, ohne daß sich die Anzahl der Phasen ändert. Beispielsweise Sieden bei 80 °C bei entsprechendem Unterdruck.

b) Sieden von Wasser bei 1 bar

F = 1 − 2 + 1
$\underline{F = 0}$

Kein Freiheitsgrad vorhanden, die Temperatur liegt also fest. Bei Änderung der Temperatur verschwindet eine Phase.

2.5.1 Zustandsschaubilder für Zweistofflegierungen

Allgemeines über Zustandsschaubilder

Das Zustandsschaubild liefert Aussagen über die bei verschiedenen Temperaturen und Massengehalten vorliegenden Phasen. Es ist ein Gleichgewichtsschaubild, gilt streng genommen also nur für unendlich langsame Abkühlung der Legierungen aus dem Schmelzfluß oder für nachträgliche Einstellung des thermodynamischen Gleichgewichtes durch Glühen.
Folgende Möglichkeiten stehen zur Aufnahme von Zustandsschaubildern zur Verfügung:
Thermische Analyse (Aufnahme von Abkühlkurven, vor allem im Erstarrungsbereich),
Dilatometermessungen (Bestimmung von Längenänderungen im festen Zustand bei Aufheizung und Abkühlung),
Gefügebeobachtungen an Metallschliffen (Feststellung der im festen Zustand vorliegenden Phasen und Gefüge),
Röntgeninterferenzuntersuchungen (Identifizierung unbekannter Phasen).

Gehalt und Konzentration

Die Anteile, in denen sich ein Stoff in einer Legierung befindet, werden als „Gehalte" oder „Konzentrationen" bezeichnet. Dabei versteht man unter *Gehalt* den Quotienten aus Masse, Stoffmenge oder Volumen für einen Stoff i und der Summe der gleichartigen Größe für alle Stoffe der betrachteten Legierung. Dementsprechend unterscheidet man zwischen *Massengehalt* w_i, *Stoffmengengehalt* x_i und *Volumengehalt* y_i.
Mit der Masse eines Stoffes m_i in g, der Stoffmenge n_i in mol und dem Volumen v_i in cm^3 ist dann

$$w_i = \frac{m_i}{\sum\limits_{j=1}^{l} m_j} \quad , \qquad x_i = \frac{n_i}{\sum\limits_{j=1}^{l} n_j} \quad , \qquad y_i = \frac{v_i}{\sum\limits_{j=1}^{l} v_j}$$

Ferner gilt für die Stoffmenge

$$n_i = \frac{N_i}{L} = \frac{m_i}{A_i} \text{ in mol}$$

N_i vorhandene Teilchenzahl (z.B. Atome)
$L = 6 \cdot 10^{23}$ Loschmidtzahl
A_i Atom- bzw. Molekulargewicht

Unter *Konzentration* versteht man den Quotienten aus Masse, Stoffmenge oder Volumen für einen Stoff i und dem Volumen der Legierung. Dementsprechend unterscheidet man zwischen *Massenkonzentration* ρ_i, *Stoffkonzentration* c_i und *Volumenkonzentration* σ_i.

Dann ist

$$\rho_i = \frac{m_i}{V}\,, \qquad c_i = \frac{n_i}{V}\,, \qquad \sigma_i = \frac{v_i}{V}$$

mit $V = \sum\limits_{j=1}^{l} v_j$, wenn der Mischvorgang ohne Volumenänderung abläuft. In diesem Fall

sind Volumengehalt und Volumenkonzentration einander gleich.

Betrachtet man ein *Zweistoffschaubild* mit den Komponenten A und B, so ist

$$\text{Massengehalt von A} = w_A = \frac{m_A}{m} = \frac{\text{Masse der Komponente A in g}}{\text{Gesamtmasse der Legierung in g}}$$

$$\text{Stoffmengengehalt von A} = x_A = \frac{n_A}{n} = \frac{\text{Stoffmenge der Komponente A in mol}}{\text{Gesamtstoffmenge der Leg. in mol}}$$

und da $N_i = n_i \cdot L$, ist $x_A = \dfrac{\text{Anzahl der A-Atome}}{\text{Anzahl aller Atome der Legierung}}$

Im Zweistoffsystem ist demnach

$$w_A = \frac{m_A}{m_A + m_B}\,, \qquad x_A = \frac{n_A}{n_A + n_B}$$

Zuweilen ist es zweckmäßig, Massengehalt auf Stoffmengengehalt umzurechnen und umgekehrt. Bezeichnen wir die Atomgewichte der beiden Komponenten mit A_A und A_B, so ist die Masse der Komponenten

$$m_A = A_A n_A = A_A x_A n$$
$$m_B = A_B n_B = A_B x_B n$$

und die Gesamtmasse

$$m = m_A + m_B = n(A_A x_A + A_B x_B)$$

Damit ergibt sich für den Massengehalt der Komponente A

$$w_A = \frac{m_A}{m} = \frac{A_A x_A}{A_A x_A + A_B x_B}$$

und für den Stoffmengengehalt

$$x_A = \frac{w_A/A_A}{w_A/A_A + w_B/A_B}$$

Als Beispiel werde der Punkt E des Zustandsschaubildes Eisen-Kohlenstoff (Bild 31) gewählt.

Massengehalt des Kohlenstoffs $w_C = \dfrac{m_C}{m} = 2{,}06/100$

Massengehalt des Eisens $\quad w_{Fe} = \dfrac{m_{Fe}}{m} = 97{,}94/100$

Atomgewichte $A_C = 12$ und $A_{Fe} = 55{,}85$

Damit ergibt sich der Stoffmengengehalt des Kohlenstoffs zu

$$x_C = \frac{2{,}06/12}{2{,}06/12 + 97{,}94/55{,}85} = 0{,}089 = 8{,}9\,\%$$

Zustandsschaubild für vollständige Unlöslichkeit im flüssigen und festen Zustand

Besteht zwischen zwei Metallen wie z.B. Fe und Pb weder im festen noch im flüssigen Zustand Mischbarkeit, so ergibt sich eine einfache Form des Zustandsschaubildes (Bild 11).

Das Schaubild besteht aus 2 horizontalen Geraden.
Obere Gerade: *Liquiduslinie.* Oberhalb der Liquiduslinie sind die Phasen flüssig.
Untere Gerade: *Soliduslinie.* Unterhalb der Soliduslinie sind die Phasen erstarrt.
Bei 1600 °C besteht die Legierung aus einer Bleischmelze und darüber gelagerter Eisen-schmelze. Bei Erstarrungstemperatur des Fe kristallisiert das gesamte Eisen aus. Die frei-werdende Kristallisationswärme führt zu einem Haltepunkt. Dabei 3 Phasen: 2 Schmelzen + festes Eisen.
Bei 1000 °C: Erstarrtes Eisen + darunterliegende Bleischmelze (2 Phasen).
Bei 327 °C: 3 Phasen: Schmelze (Pb) + festes Eisen + festes Blei.
Unter 327 °C: Nur festes Blei + festes Eisen (2 Phasen).

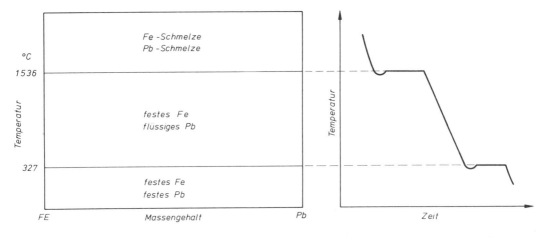

Bild 11 Zustandsschaubild (Zweistoffschaubild) Fe-Pb für vollständige Unlöslichkeit im festen und flüssigen Zustand [25] mit zugehöriger Abkühlkurve für beliebige Zusammensetzung (schematisch)

Da sich beide Schmelzen nicht mischen, gibt es keine gegenseitige Beeinflussung der Schmelzpunkte. Es besteht keine Löslichkeit, daher sind Schmelzen und Raffination von Blei in Stahlkesseln möglich.

Zustandsschaubild für vollständige Löslichkeit im flüssigen und festen Zustand

Beispiel: Zustandsschaubild Cu-Ni (Bild 12).

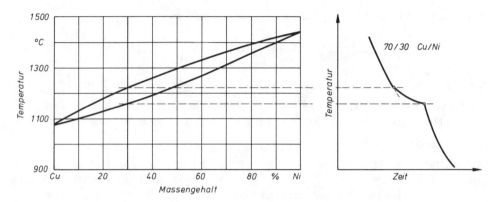

Bild 12 Zustandsschaubild (Cu-Ni) für vollständige Löslichkeit im festen und flüssigen Zustand mit Abkühlkurve für eine 70/30 Cu/Ni-Legierung

Beispiele für Kupfer-Nickel-Legierungen:
  5 % Ni Seewasserbeständige Legierung
15 % Ni Münzen
30 % Ni „Nickelin" für elektrische Widerstände
45 % Ni „Konstantan" für Thermoelemente
67 % Ni „Monel"

Bei hohen Temperaturen (oberhalb der Liquiduslinie) liegt eine homogene Schmelze vor, bei niedrigen (unterhalb der Soliduslinie) eine feste Lösung, also ein Gebiet homogener Mischkristalle. Im Bereich zwischen den beiden Begrenzungslinien, einem Zweiphasengebiet, findet die Erstarrung statt. Wir betrachten dabei im folgenden stets die Abkühlung aus dem schmelzflüssigen Zustand. Bei Erwärmung aus dem festen Zustand spielt sich in diesem Bereich in entsprechender Weise das Schmelzen ab. Es gibt also bei Mischkristallbildung keinen Schmelzpunkt, sondern einen Erstarrungsbereich. In diesem Schmelz- bzw. Erstarrungsbereich ändert sich die Zusammensetzung der Kristalle und der Schmelze mit der Temperatur und es gilt:
Die *Soliduslinie* gibt für jede Temperatur die Zusammensetzung der festen Phase an, die mit der Schmelze im Gleichgewicht steht. Die *Liquiduslinie* gibt für jede Temperatur die Zusammensetzung der flüssigen Phase an, die mit der festen Phase im Gleichgewicht steht. Die bei der Erstarrung frei werdende Kristallisationswärme führt zu einer verzögerten Abkühlung (Knickpunkte in der Abkühlkurve, es ergeben sich also keine Haltepunkte wie bei reinen Metallen oder wie im Falle des Systems Fe-Pb).

Erstarrung bei Gleichgewicht

Zunächst Ausscheidung eines nickelreichen Mischkristalles, dessen Massengehalt α_1 auf der Soliduslinie für die Temperatur ϑ_1 abgelesen werden kann (Bild 13). Dadurch reichert sich die Restschmelze mit Kupfer an (Massengehalt S_2 bei Temperatur ϑ_2). Am Ende der Erstarrung (bei Temperatur ϑ_3) erhält man eine stark mit Kupfer angereicherte Restschmelze. Bei sehr langsamer Abkühlung findet ein Konzentrationsausgleich durch Diffusion statt, indem die zuerst erstarrten nickelreichen Mischkristalle bei Fortgang der Erstarrung Nickel an die später erstarrenden Kristalle abgeben, so daß nach vollständiger Erstarrung einheitliche Mischkristalle der Pauschalzusammensetzung α_3 vorliegen.

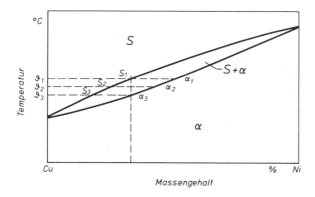

Bild 13
Gleichgewichtserstarrung einer
Cu-Ni-Legierung

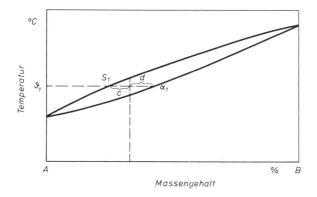

Bild 14
Hebelgesetz zur Bestimmung des
Mengenverhältnisses der Phasen

Für das Mengenverhältnis der bei einer bestimmten Temperatur vorliegenden beiden Phasen gilt das *Hebelgesetz:* Die Mengen der im Gleichgewicht befindlichen Phasen verhalten sich wie die Längen der abgewandten Hebelarme (Bild 14). Bei der Temperatur ϑ_1 gilt beispielsweise:

$$\frac{M_{\alpha 1}}{M_{S1}} = \frac{c}{d}$$

Die Horizontale von α_1 nach S_1 wird als *Konode* bezeichnet.

Aus dem Cu-Ni-Zustandsschaubild ist folgende Regel ersichtlich:
An der Grenze zweier Phasenfelder ändert sich die Zahl der Phasen immer um eins. Abweichungen sind, wie später gezeigt wird, nur in einzelnen Punkten möglich.

Erstarrung bei rascher Abkühlung (kein Gleichgewicht)

Bei den üblichen Erstarrungsgeschwindigkeiten kommt es nicht zu einem vollständigen Konzentrationsausgleich. Die Primärkristalle sind dann nickelreicher, als es der Gleichgewichtszusammensetzung entspricht (Bild 15). Dadurch verschiebt sich die Gesamtzusammensetzung der Mischkristalle gegenüber der Soliduslinie nach rechts, während sich die Schmelze in den Restfeldern mit Kupfer anreichert. Gegenüber dem Fall des Gleichgewichts ergeben sich folgende Besonderheiten:
a) Das Ende der Erstarrung liegt bei tieferen Temperaturen (ϑ_5 statt ϑ_3),
b) größerer Erstarrungsbereich,
c) Kristallseigerung (Zonenkristalle).
Ein nachträglicher Konzentrationsausgleich durch Diffusion ist nur durch langzeitiges Glühen knapp unterhalb der Soliduslinie (ϑ_5) möglich.

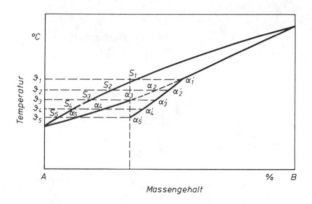

Bild 15
Erstarrung ohne Gleichgewicht

Legierungen mit einer Mischungslücke im festen Zustand

Zustandsschaubild für vollständige Löslichkeit im flüssigen, vollständige Unlöslichkeit im festen Zustand (theoretisches Diagramm, kommt in dieser Form nicht vor)

Die Schmelzpunkte der reinen Komponenten A und B werden durch Zugabe des zweiten Elementes erniedrigt (Bild 16). Das sich im Punkt e ergebende Minimum liegt bei eutektischer Zusammensetzung. Legierungen mit einer Konzentration links von e sind untereutektisch, rechts von e übereutektisch.
Bei Abkühlen aus dem Gebiet der Schmelze scheiden sich bei einer Legierung x zunächst Primärkristalle B aus, während sich die Schmelze an A anreichert und bei Erreichen der Eutektikalen (horizontale Linie in Bild 16) während eines Haltepunktes zu einem Gemisch aus A- und B-Kristallen (Eutektikum) erstarrt.

Zustandsschaubild für vollständige Löslichkeit im flüssigen, teilweise Löslichkeit im festen Zustand

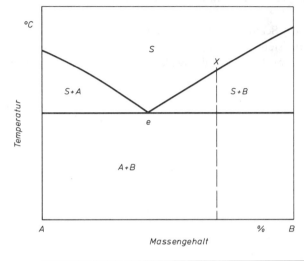

Bild 16

Zustandsschaubild für vollständige Löslichkeit im flüssigen und vollständige Unlöslichkeit im festen Zustand

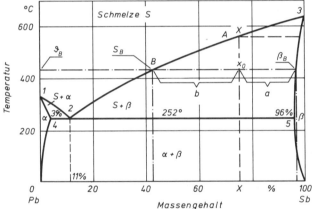

Bild 17

Zustandsschaubild Pb-Sb für vollständige Löslichkeit im flüssigen und Teillöslichkeit im festen Zustand [25]

Beispiel: Zustandsschaubild Pb-Sb (Bild 17). Das Gebiet der Schmelze wird durch den Linienzug 123 begrenzt, unterhalb der Linie 14 253 ist die Legierung erstarrt. Maximal 3 % Sb sind in Blei, maximal 4 % Pb in Antimon löslich (bei der eutektischen Temperatur von 252 °C). Das Schaubild enthält

    3 Einphasengebiete: S, α-, β-Mischkristalle,
    3 Zweiphasengebiete: S + α, S + β, α + β,
    1 Dreiphasenhorizontale (Eutektikale): S + α + β.

Im eutektischen Punkt fallen Liquidus- und Soliduslinie zusammen. Eine rein eutektische Legierung hat demnach einen Schmelzpunkt wie ein reines Metall, keinen Schmelzbereich.

Bei eutektischer Temperatur ergibt sich eine Mischungslücke zwischen 3 und 96 % Pb, bei Raumtemperatur ist praktisch keine Löslichkeit mehr vorhanden.

Abkühlung einer Schmelze mit 25 % Pb und 75 % Sb (X in Bild 17):

Punkt A: Beginn der Erstarrung durch Ausscheidung von fast reinen Antimonkristallen.
Temperatur ϑ_B: Weitere Auskristallisation von Antimon-Mischkristallen mit geringem
Bleigehalt.

Gleichzeitig nimmt der Bleigehalt der Schmelze entsprechend dem Verlauf der Liquiduslinie zu, und bei der Temperatur ϑ_B stehen Mischkristalle β_B und Schmelze S_B miteinander im Gleichgewicht. Der mengenmäßige Anteil der beiden Phasen ergibt sich aus dem
Hebelgesetz:

$$\frac{\text{Menge der Schmelze } S_B}{\text{Menge der Primärkristalle } \beta_B} = \frac{M_{SB}}{M_{\beta B}} = \frac{a}{b}$$

Die Gehalte der Phasen können auf der Abszisse abgelesen werden:

Mischkristalle β_B: 97 % Sb, 3 % Pb;   Schmelze S_B: 42 % Sb, 58 Pb.

Temperaturhorizontale 252 °C: Die Antimon-Mischkristalle haben ihren maximalen Bleigehalt erreicht. Die Schmelze hat eutektische Zusammensetzung (11 % Sb, 89 % Pb). Bei
konstanter Temperatur scheiden sich aus dieser Schmelze gleichzeitig Blei- und Antimon-
Mischkristalle aus. Da bis zum Abschluß der Erstarrung auch noch ein Schmelzenrest vorhanden ist, liegt ein Dreiphasengleichgewicht vor.

Bei Raumtemperatur besteht das Gefüge also aus Sb-Primärkristallen und einem Pb-Sb-
Eutektikum. Entsprechend wird das Gefüge einer untereutektischen Legierung aus Pb-
Primärkristallen und Pb-Sb-Eutektikum gebildet werden.

Bild 18 zeigt eine übereutektische Pb-Sb-Legierung mit würfelförmigen Antimon-Primär-
kristallen in eutektischer Grundmasse.

Beispiel für die Anwendung: Hartblei mit 6 ... 9 % Sb für Akkumulatorenplatten. Nah-
eutektische Legierungen sind gut vergießbar.

Wie Pb-Sb verhält sich auch das Legierungssystem Ag-Cu. Das Eutektikum liegt bei 779 °C
und 28,1 % Cu.

Beispiel für die Anwendung: Silberlot L-Ag 72: 71 ... 73 % Ag, Rest Cu.

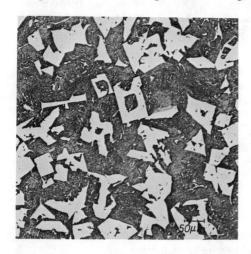

Bild 18
Übereutektische
Blei-Antimon-Legierung
(75 % Pb, 25 % Sb),
geätzt mit alkoh. HNO_3

Erstarrung bei rascher Abkühlung (kein Gleichgewicht)

Die in Bild 19 gezeichnete Legierung X enthält bei Gleichgewicht kein Eutektikum. Bei rascher Abkühlung tritt Kristallseigerung auf, das Ende der Erstarrung verschiebt sich zu tieferen Temperaturen (ϑ_4 statt ϑ_3) und ein kleiner Teil der Schmelze erstarrt eutektisch. Das bedeutet, daß bei rascher Abkühlung Gefügebestandteile auftreten können, die nach dem Zustandsschaubild nicht zu erwarten wären. Eine Beseitigung der Kristallseigerung ist durch langzeitiges Glühen unterhalb ϑ_4 möglich. Glühtemperaturen zwischen ϑ_3 und ϑ_4 würden zu einer unerwünschten Korngrenzenverflüssigung führen.

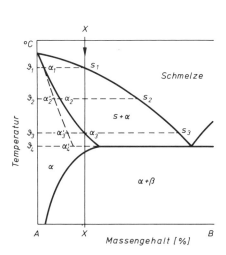

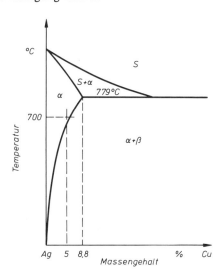

Bild 19 Zustandsschaubild bei Erstarrung ohne Gleichgewicht

Bild 20 Mischungslücke im Ag-Cu-Zustandsschaubild [25]

Ausscheidungen im festen Zustand

Bei beschränkter Löslichkeit im festen Zustand erweitert sich meistens die Mischungslücke mit sinkender Temperatur (Bild 20). So sinkt z.B. die Löslichkeit von Kupfer in Silber von maximal 8,8 % auf einige Zehntel % bei Raumtemperatur.

Man betrachte eine Ag-Cu-Legierung mit 5 % Cu. Bei ϑ = 700 °C liegt ein homogener Mischkristall vor. Unterschreitet man bei sinkender Temperatur die Löslichkeitslinie, so scheiden sich β-Kristalle aus den α-Kristallen aus.

Diese Ausscheidungen, vielfach in Blättchen- oder Stäbchenform und daher im metallografischen Schliff stäbchen- oder punktförmig erscheinend, treten entweder innerhalb der α-Mischkristalle oder an den Korngrenzen auf.

Durch Abschrecken aus dem Gebiet des homogenen Mischkristalls kann die Entmischung unterdrückt werden. Kupfer bleibt dann im α-MK zwangsgelöst, der Mischkristall ist also an Cu übersättigt. Bei nachträglichem Anlassen auf Temperaturen unterhalb der Löslichkeitslinie kann es dann zu sehr fein verteilten Ausscheidungen kommen, wodurch eine gezielte Änderung der mechanischen Eigenschaften möglich wird (Ausscheidungshärtung). Beispiele für die Anwendung: AlMgSi, AlCuMg, AlZnMg, CuCr, CuBe usw.

Legierungen mit Peritektikum

Einfaches peritektisches System

Beispiel: Zustandsschaubild Pt-Ag (vereinfacht, Bild 21).

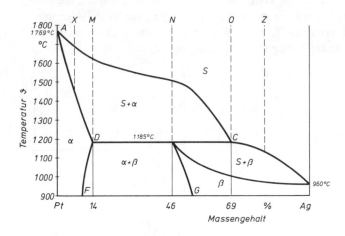

Bild 21
Zustandsschaubild des
peritektischen Systems
Pt-Ag (vereinfacht) [25]

Liegt der Schmelzpunkt der einen Komponente unterhalb der Temperatur des Dreiphasengleichgewichtes, so ergibt sich bei beschränkter Mischbarkeit im festen Zustand ein Peritektikum. Legierungen bis M (z.B. X) erstarren als homogene α-Mischkristalle, Legierungen oberhalb O (z.B. Z) als homogene β-Mischkristalle. Zwischen M und O beginnt die Erstarrung mit der Ausscheidung von α-MK. Bei Erreichen der Peritektikalen erfolgt die Umsetzung

$$S + \alpha \rightarrow \beta,$$

d.h. aus Schmelze und α-MK bilden sich β-MK. Im Konzentrationsbereich M-N wird bei dieser Reaktion die Schmelze vollständig verbraucht, während α-MK erhalten bleiben. Im Konzentrationsbereich N-O dagegen werden α-MK vollständig verbraucht, während Schmelze zurückbleibt, die Erstarrung also noch nicht beendet ist. Im Grenzfall der Konzentration N werden α-MK und S in der peritektischen Reaktion gerade vollständig in β-MK umgesetzt. Während der peritektischen Reaktion liegt wie bei der eutektischen ein Dreiphasengleichgewicht vor, so daß sie gemäß Phasenregel bei konstanter Temperatur ablaufen muß.

Peritektisches System mit intermetallischer Verbindung

Beispiel: Zustandsschaubild Sb-Sn (Bild 22).
Die β-Phase entspricht der intermetallischen Verbindung SbSn. Da Mischkristallbildung mit den Komponenten möglich ist, ergibt sich ein Konzentrationsbereich. Das Schaubild enthält drei Peritektika bei 246, 325 und 425 °C. Eine technisch wichtige Legierung, für die das System Bedeutung hat, ist Weißmetall LgSn 80 mit 80 % Sn, 12 % Sb (+ 6 % Cu + 2 % Pb), vgl. Bild 23: Harte Reste aus Primärkristallen SbSn, die als Tragkristalle wirken, sind von einer weichen Grundmasse aus Sn-MK umgeben (Lagerwerkstoff).

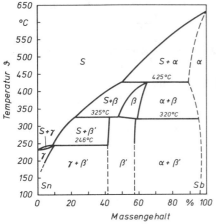

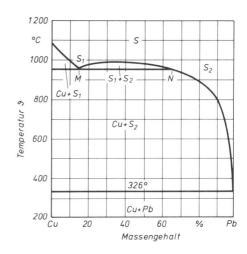

Bild 22 Zustandsschaubild eines peritektischen Systems mit intermetallischen Verbindungen (Sn-Sb) [25]

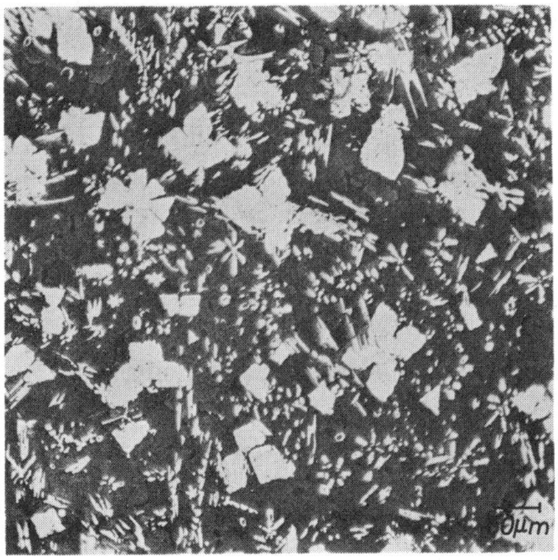

Bild 23 Weißmetall LgSn 80, geätzt mit wässeriger HNO_3

Legierungen mit beschränkter Löslichkeit im flüssigen Zustand, monotektisches System

Beispiel: Zustandsschaubild Cu-Pb (Bild 24).

Das Zustandsschaubild Cu-Pb weist eine Mischungslücke im flüssigen Zustand auf, im festen Zustand besteht praktisch keine Löslichkeit.

Im Bereich der Gehalte von M bis N zerfällt die Schmelze in zwei Teilschmelzen S_1 und S_2 unterschiedlichen Massengehaltes. Diese Teilschmelzen haben bei Erreichen der Monotektikalen (Dreiphasengleichgewicht) die Gehalte M und N. Nun erfolgt die Reaktion

$$S_1 \rightarrow S_2 + \text{Cu-Kristalle},$$

Bild 24

Zustandsschaubild eines monotektischen Systems (Cu-Pb) [25]

d.h. die Schmelze S_1 wandelt sich unter Ausscheidung von Kupfer in die Schmelze S_2 um. Bei weiterer Abkühlung reichert sich die Schmelze mit Blei an, bis sie bei 326 °C zum Kupfer-Blei-Eutektikum (mit 0,06 % Cu) erstarrt.

Aus Legierungen mit einer links von M liegenden Zusammensetzung scheiden sich zuerst Cu-Primärkristalle aus, während sich die Schmelze bis zu einem Massengehalt M mit Blei anreichert, woran sich wieder die monotektische Reaktion anschließt.

Bei Schmelzen mit Bleigehalten oberhalb N tritt keine monotektische Reaktion mehr auf.

Anwendung: Bleibronze mit 5 ... 25 % Pb als Lagermetall. In das tragende Kupferskelett ist Blei eingebettet. Gute Notlaufeigenschaften.

Umwandlungen im festen Zustand

Eutektoidische Reaktion. Kupfer-Nickel-Mischkristalle zeigen bei Abkühlung bis zum Erreichen der Raumtemperatur keine Veränderung ihres Gitteraufbaus. Zahlreiche Mischkristalle jedoch, die bei hohen Temperaturen beständig sind, wandeln sich bei tieferen Temperaturen in andere Kristallarten um. Bei Stahl z.B. zerfällt der bei höherer Temperatur beständige γ-Mischkristall in einer eutektoiden Reaktion

$$\gamma \rightarrow \alpha + Fe_3C$$

in zwei Bestandteile, nämlich einen α-Mischkristall und Eisenkarbid. Die Reaktion entspricht der eutektischen, wenn man sich an die Stelle des festen Mischkristalls eine Schmelze gesetzt denkt. Das beim eutektoiden Mischkristallzerfall entstehende Gefüge, ein feines Gemenge aus zwei Phasen, bezeichnet man als Eutektoid.

Zusammengesetzte binäre Systeme

Ein großer Teil der technisch wichtigen Zustandsdiagramme besteht aus Kombinationen der einfachen Grundtypen. Dabei können mehrere intermetallische Verbindungen, Eutektika, Peritektika usw. auftreten.

Beispiele:
Sb-Sn: Drei Peritektika, eine intermetallische Verbindung,
Cu-Zn: Fünf Peritekika, 1 Eutektoid,
Fe-C: Ein Peritektikum, ein Eutektikum, ein Eutektoid, eine intermediäre Phase,
Mg-Si: Zwei Eutektika, eine intermetallische Verbindung.

2.5.2 Zustandsschaubilder für Dreistoffsysteme (Ternäre Systeme)

Die meisten technischen Legierungen enthalten mehr als zwei Komponenten und man ist daran interessiert, auch Mehrstofflegierungen grafisch darzustellen. Hier sollen nur Darstellungsmöglichkeiten für Dreistoffsysteme behandelt werden.

Darstellung im Gehaltsdreieck

Bei Dreistoffsystemen ist eine Darstellung in der Ebene nicht mehr möglich, man muß auf
die räumliche Darstellung übergehen. Die Gehalte werden in einem Gehaltsdreieck, also
in einer Gehaltsebene (Bild 25) festgehalten. Senkrecht über dieser Ebene wird die Temperatur aufgetragen. Das Gehaltsdreieck ist ein gleichseitiges Dreieck, dessen Endpunkte
von den reinen Metallen (Komponenten) A, B und C gebildet werden. Die drei Seiten des
Dreiecks entsprechen den Grundseiten der drei binären Systeme AB, BC und CA. Jeder
Punkt im Dreieck gibt die Zusammensetzung einer Dreistofflegierung wieder. Die Bestimmung der Gehalte einer dem Punkt P entsprechenden Legierung kann nach dem Ziehen von Parallelen durch P zu den Dreiecksseiten erfolgen.

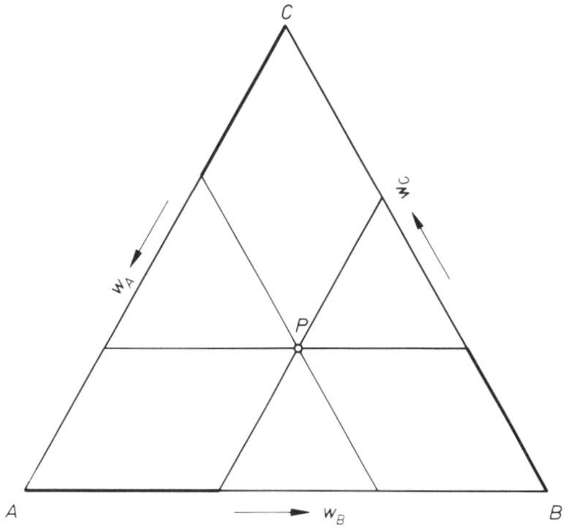

Bild 25
Gehaltsdreieck einer Dreistofflegierung
(w_A Gehalt von A, w_B Gehalt von B, w_C
Gehalt von C)

Darstellung als ternärer Körper

Trägt man die Temperatur senkrecht zur Konzentrationsebene auf, so ergibt sich ein
räumliches Schaubild (Bild 26). An die Stelle von Liquidus- und Soliduslinien im Zweistoffsystem treten entsprechende Flächen, an die Stelle von Ein- und Zweiphasenflächen
treten Ein- und Mehrphasenräume. Die Liquidusflächen schneiden sich in Liquidusschnitt-
linien (z.B. sogenannten eutektischen Rinnen). In dem relativ einfachen Fall eines ternären Systems mit drei eutektischen Randsystemen von Bild 26 ergibt der gemeinsame Schnitt-
punkt der drei eutektischen Rinnen den eutektischen Punkt E der Dreistofflegierung. Die
binär-eutektischen Rinnen fallen von den drei eutektischen Punkten der binären Rand-
systeme in das Dreistoffsystem ab und treffen sich im ternär eutektischen Punkt E. Die
zugehörigen Temperaturen finden sich für das System Bi-Pb-Sn in Tabelle 1.

Tabelle 1 Das ternäre Eutektikum im System Bi-Pb-Sn

Schmelzpunkt	Binäre Eutektika	Ternäres Eutektikum
Bi 271 °C Pb 327 °C Sn , 232 °C	Bi-Pb 125 °C Pb-Sn 183 °C Sn-Bi 139 °C	Bi-Pb-Sn 96 °C

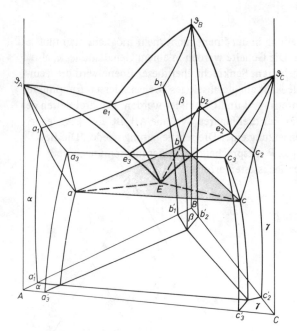

Bild 26
Räumliche Darstellung eines aus drei
eutektischen Randsystemen entstandenen
Dreistoffschaubildes

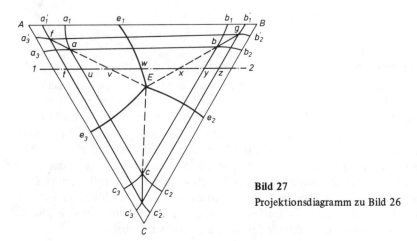

Bild 27
Projektionsdiagramm zu Bild 26

Blickt man von oben auf die räumliche Darstellung von Bild 26, so kann man die Liquidus-
schnittlinien in ein Projektionsdiagramm einzeichnen (Bild 27). Im Punkt E erstarrt in dem
vorher betrachteten System die Restschmelze bei 96 °C in Form eines feinverteilten hetero-
genen Gemenges der drei Bestandteile Pb, Sn und Bi.
Einen noch niedrigeren Schmelzpunkt kann man durch Zugabe von Kadmium im quater-
nären Eutektikum Bi + Pb + Sn + Cd erhalten (Woodmetall, Schmelzpunkt 69 °C).

Isotherme Schnitte und Gehaltsschnitte

Eine vereinfachte Darstellung von jeweils interessierenden Teilbereichen des ternären Systems erhält man durch Schnitte, die durch den ternären Körper geführt werden. Legt man Schnitte parallel zur Gehaltsebene, so erhält man isotherme Schnitte (Bild 28), in denen die Phasenräume für die dem Schnitt zugrundeliegende Temperatur abgegrenzt sind.

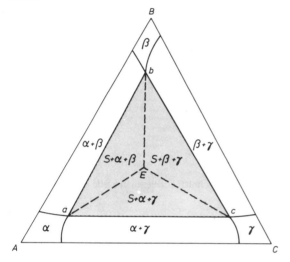

Bild 28
Isothermer Schnitt durch E in Bild 26

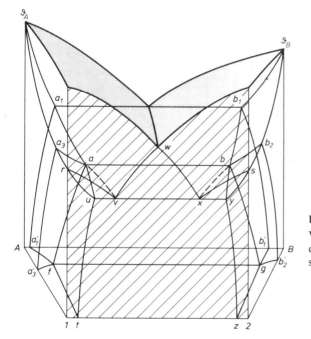

Bild 29
Vertikalschnitt (Gehaltsschnitt) durch die räumliche Darstellung des Dreistoffschaubildes von Bild 26

Führt man die Schnitte senkrecht zur Gehaltsebene aus, so erhält man Gehaltsschnitte. Wird der Gehaltsschnitt parallel zu einer Grundseite des Gehaltsdreiecks ausgeführt (Linie 1–2 in Bild 27), wird er besonders übersichtlich, weil der Gehalt einer der drei Komponenten damit konstant gehalten ist (Bilder 29 und 30).

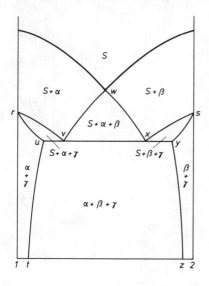

Bild 30
Gehaltsschnitt, abgeleitet aus Bild 29

3 Das Eisen-Kohlenstoff-Schaubild

Phasenänderungen bei Erwärmung und Abkühlung von unlegiertem Stahl und Gußeisen können, soweit die Vorgänge unter angenäherten Gleichgewichtsbedingungen ablaufen, anhand des Eisen-Kohlenstoff-Schaubildes verfolgt werden. Unter unlegiertem Stahl versteht man Fe-C-Legierungen mit weniger als 2 % C und geringen Mengen von Begleitelementen wie vor allem Si, Mn, P und S. Der Kohlenstoff beeinflußt maßgeblich die Festigkeits- und Verformungseigenschaften. Gußeisen weist höhere C-Gehalte von 2,8 ... 4,5 % auf.

Von technischem Interesse ist das Fe-C-Schaubild demnach nur im Bereich verhältnismäßig niedriger Kohlenstoffgehalte (Bild 31). Der rechte Endpunkt des verwendeten (metastabilen) Diagramms entspricht der Phase Fe_3C bei 6,67 % C, so daß man auch von einem Zweistoffsystem $Fe-Fe_3C$ sprechen könnte.

Einige Begriffe:
Eutektikale   ECF
Eutektoidale   PSK

δ-, α-Mischkristalle sind kubisch raumzentriert aufgebaut, Gitterkonstante des α-Mischkristalles bei Raumtemperatur
d = 2,87 · 10^{-8} cm.
γ-Mischkristalle sind kubisch flächenzentriert aufgebaut, Gitterkonstante bei 900 °C
d = 3,65 · 10^{-8} cm.

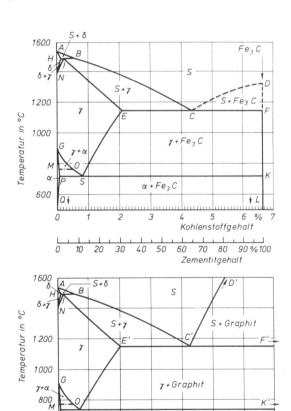

Bild 31

Metastabiles (oben) und stabiles (unten) Eisen-Kohlenstoff-Diagramm

Der atomare Aufbau der α-Mischkristalle ist weniger dicht als derjenige der γ-Mischkristalle, so daß sich das Volumen beim Übergang $\alpha \rightarrow \gamma$ verkleinert. Der Kohlenstoff bildet in beiden Modifikationen Einlagerungsmischkristalle.
Die Bezeichnungen für Phasen und Gefügebestandteile sind nicht identisch.

Tabelle 2 Phase und Gefüge

Phase	Gefügebestandteil
γ-MK	Austenit
α-MK	Ferrit
Fe_3C	Primär-Zementit Sekundär-Zementit Tertiär-Zementit
Eutektoid α-MK + Fe_3C	Perlit
Eutektikum γ-MK + Fe_3C	Ledeburit

Bild 32 Ferrit und Korngrenzenzementit in Reinsteisen, geätzt mit alkoh. HNO_3

3.1 Erstarrungs- und Umwandlungsvorgänge bei Stahl

Reinsteisen

Das Gefüge bei Raumtemperatur besteht aus Ferrit und Korngrenzenzementit (Bild 32).

Untereutektoider Stahl mit 0,25 % C

Entsprechend einem C 25 oder St 42. Vernachlässigt man die peritektische Reaktion im Bereich ABINA (Bild 31), so spielen sich bei Abkühlung von Schmelz- bis Raumtemperatur folgende Vorgänge ab:
Bei Erreichen der Liquiduslinie beginnt die Erstarrung mit der Ausscheidung von γ-MK. Sie ist mit Erreichen der Solidus-Linie beendet. Beim Durchlaufen des γ-Gebietes NIESG ändert sich nichts, bis beim Unterschreiten der Linie GS α-Mischkristalle auf den Korngrenzen der γ-Mischkristalle ausgeschieden werden. Der Anteil dieser α-MK nimmt mit sinkender Temperatur entsprechend dem Hebelgesetz zu, während sich der restliche γ-MK mit C anreichert bis zum Massengehalt S bei 723 °C. Dort zerfällt er (Haltepunkt!) zum Eutektoid α-MK + Fe_3C in lamellarer Anordnung. Bei weiterer Abkühlung scheidet sich aus dem α-MK noch etwas Fe_3C (Tertiärzementit) aus.
Demnach Endgefüge des Stahles bei Raumtemperatur: Ferrit und Perlit (Bild 33).

Eutektoider Stahl mit 0,8 % C

Entsprechend etwa einem Schienen- oder Werkzeugstahl. Erstarrung wie oben, Umwandlung im festen Zustand vollständig eutektoidisch, so daß bei Raumtemperatur ein rein perlitisches Gefüge vorliegt (Bild 34).

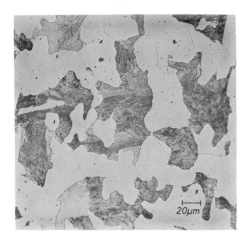 

Bild 33 Ferrit und Perlit in C35 (grobkörnig), geätzt mit alkoh. HNO_3

Bild 34 Rein perlitisches Gefüge eines Stahles mit 0,8 % C, geätzt mit alkoh. HNO_3

Übereutektoider Stahl mit 1,2 % C

Entsprechend einem unlegierten Werkzeugstahl. Erstarrung wie oben. Bei Unterschreiten der Linie ES scheidet sich Fe_3C (Sekundär-Zementit) schalenförmig auf den Korngrenzen aus, während der γ-Mischkristall seine Zusammensetzung wieder in Richtung auf S ändert und bei 723 °C zu Perlit zerfällt. Das Endgefüge bei Raumtemperatur besteht also aus Perlit und Schalenzementit auf den Korngrenzen.

3.2 Erstarrungs- und Umwandlungsvorgänge bei weißem Gußeisen

Bild 31 zeigte das metastabile Eisen-Kohlenstoff-Schaubild. Wenn Gußeisen wenig Si, aber viel Mn enthält und/oder wenn die Abkühlung aus dem flüssigen Zustand rasch erfolgt, können auch hier die Erstarrungs- und Umwandlungsvorgänge anhand dieses Schaubildes verfolgt werden.

Untereutektisches weißes Gußeisen mit 3,5 % C

Bei Erreichen der Liquiduslinie beginnt die Erstarrung durch Ausscheidung von primären γ-Mischkristallen. Gleichzeitig reichert sich die Schmelze mit C an, bis sie bei 1147 °C eutektische Zusammensetzung besitzt (4,30 % C) und mit γ-Mischkristallen der Zusammensetzung E im Gleichgewicht steht. Sie erstarrt nun bei konstanter Temperatur (Dreiphasengleichgewicht, Phasenregel) eutektisch, d.h. zu einem Gemenge aus γ-Mischkristallen und Zementit (Ledeburit). Bei weiterer Abkühlung scheidet sich Sekundärzementit aus dem γ-MK aus, der infolgedessen C-ärmer wird, bei 723 °C die Zusammensetzung des Punktes S besitzt und zu Perlit zerfällt. Das Endgefüge bei Raumtemperatur besteht aus Perlit in ledeburitischer Grundmasse (Bild 35).

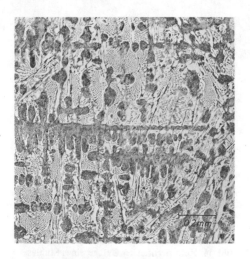 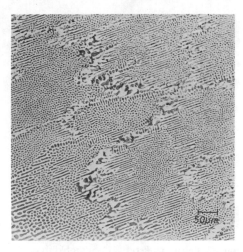

Bild 35 Gefüge eines untereutektischen weißen
Gußeisens mit 3,5 % C, geätzt mit alkoh. HNO₃

Bild 36 Rein ledeburitisches Gefüge eines weißen
Gußeisens mit 4,3 % C, geätzt mit alkoh. HNO₃

Eutektisches weißes Gußeisen mit 4,30 % C

Rein eutektische Erstarrung ohne vorangegangene Ausscheidung von primären γ-MK, sonst
wie im vorangegangenen Abschnitt beschrieben. Das Endgefüge besteht aus Ledeburit
(Bild 36).

Übereutektisches weißes Gußeisen mit 4,5 % C

Primärzementit tritt an die Stelle der bei untereutektischem Gußeisen gebildeten primären
γ-MK. Sonst wie oben, so daß ein Endgefüge von Primärzementit in ledeburitischer Grundmasse entsteht (Bild 37).

3.3 Erstarrungs- und Umwandlungsvorgänge bei grauem Gußeisen

Bei erhöhtem Si-, verringertem Mn-Gehalt und/oder langsamer Abkühlung erstarrt Gußeisen grau, d.h. nach dem in Bild 31 gezeichneten stabilen System. Bei diesem Schaubild ist der rechte Endpunkt nicht Fe_3C, sondern Graphit (C). Die Umwandlungen im
festen Zustand erfolgen je nach den vorliegenden Bedingungen nach dem stabilen, dem
metastabilen oder teils nach dem einen, teils nach dem anderen System.

Untereutektisches graues Gußeisen mit 3,8 % C

Die Erstarrung beginnt wiederum mit der Ausscheidung primärer γ-MK, die Schmelze
reichert sich entsprechend der Liquiduslinie mit Kohlenstoff an, bis sie im Punkt C'
eutektische Zusammensetzung erreicht und zum Graphiteutektikum in einer Grundmasse
aus γ-MK erstarrt. Bei weiterer Abkühlung scheidet sich entsprechend der Linie $E'S'$

Bild 37

Gefüge eines übereutektischen weißen Gußeisens mit 4,5 % C, geätzt mit alkoh. HNO_3

Bild 38 Graphiteutektikum eines grauen Gußeisens mit 4,25 % C, ungeätzt

Bild 39 Übereutektisch erstarrtes graues Gußeisen mit 4,5 % C (teils metastabil erstarrt), geätzt mit alkoh. HNO_3

„Segregatgraphit" aus und lagert sich an den schon vorhandenen eutektischen Graphit an. Der Zerfall des an Kohlenstoff verarmten γ-MK im Punkt S' oder S in ein stabiles, metastabiles oder teils stabiles, teils metastabiles Eutektoid wird von Zusammensetzung und Abkühlbedingungen gesteuert.

Eutektisches graues Gußeisen mit 4,25 % C

Das Endgefüge besteht aus Graphiteutektikum (Bild 38).

Übereutektisches graues Gußeisen mit 4,5 % C

Keine Besonderheiten gegenüber den bisher beschriebenen Fällen. Die Erstarrung beginnt mit der Ausscheidung von Primärgraphit (Garschaumgraphit), das Endgefüge zeigt Bild 39.

4 Gefüge und Wärmebehandlung von Stahl

4.1 Gefüge

Das von der Erstarrung herrührende Primärgefüge kann durch ein geeignetes Ätzverfahren (Oberhoffer-Ätzung) sichtbar gemacht werden (Bild 40). Da bei technischen Abkühlgeschwindigkeiten mit Kristallseigerung von Phosphor gerechnet werden muß, werden die Innenzonen der Dendrite P-arm sein und angeätzt werden (dunkel), während die P-reicheren Außenzonen nicht angegriffen werden und hell bleiben.

Durch Walzen oder Schmieden werden die Verunreinigungen zeilenförmig gestreckt. Sie dienen bei der Umwandlung $\gamma \rightarrow \alpha$ als Keime, so daß sich an ihnen Ferritzeilen ausbilden. Es ergibt sich ein von der Umwandlung herrührendes Sekundärgefüge. Ein Gefüge gemäß Bild 41a wird als *Korngefüge*, gemäß Bild 41b als *Netzgefüge* bezeichnet.

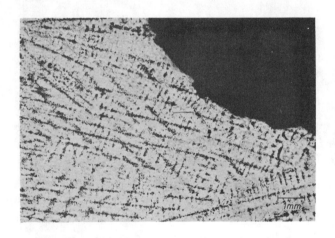

Bild 40
Durch Oberhoffer-Ätzung sichtbar gemachtes Primärgefüge eines Stahlgußteiles

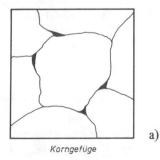

Korngefüge

a)

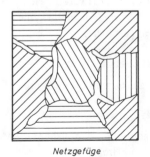

Netzgefüge

b) **Bild 41**

Wird Stahl längere Zeit auf hohen Temperaturen im γ-Gebiet gehalten, so wachsen einzelne Körner auf Kosten ihrer Nachbarn, und man erhält ein unerwünscht grobkörniges Gefüge.

Wird ein grobkörniges Gefüge relativ rasch abgekühlt, verläuft die γ-α-Umwandlung anormal. Ferrit wird dann nicht nur auf den Korngrenzen, sondern auch innerhalb des Korns auf kristallografisch bevorzugten Ebenen ausgeschieden (Widmannstättengefüge, Bild 42). *Beispiel:* Stahlguß, Schweißnähte.

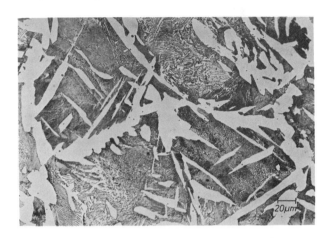

Bild 42
Widmannstättengefüge eines
Stahles C35, geätzt mit alkoh.
HNO₃

4.2 Wärmebehandlung (Bild 43)

Durch eine Wärmebehandlung lassen sich die Eigenschaften von Stahl gezielt verändern.

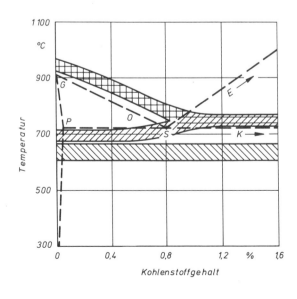

Normalglühen

Härten

Weichglühen

Spannungsarmglühen

Bild 43
Wärmebehandlungstemperaturen
für Eisen-Kohlenstoff-Legierungen

Normalglühen

Vor allem für untereutektoide Stähle zur Beseitigung von Grobkorn und Widmannstätten-gefüge durch doppeltes Umkörnen bei Erwärmung und Abkühlung. Gleichzeitig erreicht man einen Abbau von Eigenspannungen und verbesserte Zerspanbarkeit.
Methode: Glühen 30 ... 50° oberhalb GS(A$_3$), Haltezeit 2 min/mm Wanddicke, jedoch mindestens eine halbe Stunde. Abkühlung an ruhender Luft.

Weichglühen

Vorzugsweise für übereutektoide Stähle zur Verbesserung von spangebender und spanloser Umformbarkeit und zur Vorbereitung des Härtens übereutektoider Stähle, durch Umwand-lung des lamellaren und Korngrenzenzementits in körnigen Zementit.
Methode: Glühen dicht unterhalb A$_1$ bzw. bei übereutektoiden Stählen Pendelglühen um A$_1$ (PSK).

Spannungsarmglühen

Zum Abbau von Eigenspannungen nach dem Gießen oder Schweißen durch plastische Ver-formung, Vermeiden von Verzug bei spangebender Bearbeitung, Erhöhung der Korrosions-beständigkeit, Verbesserung der Eigenschaften ohne Gefügeänderung.
Methode: Langsames Erwärmen auf 600 ... 650 °C, Haltezeit 2 min/mm Wanddicke, mindestens eine halbe Stunde, Abkühlung im Ofen.

Härten

Methode: Erwärmen auf 30 ... 50°C oberhalb GSK und Abschrecken, z.B. in Wasser. Bei Überschreiten der *kritischen Abkühlgeschwindigkeit* wird die γ-α-Umwandlung unterdrückt und das kubischflächenzentrierte Gitter des Austenits klappt diffusionslos in ein tetragonal aufgeweitetes α-Gitter um. Der Kohlenstoff bleibt zwangsgelöst und führt zu inneren Span-nungen und erhöhter Härte. Daher muß die Härte vom C-Gehalt abhängig sein (Bild 44). Das so entstandene nadelige Gefüge (Bild 45) wird als Martensit bezeichnet.

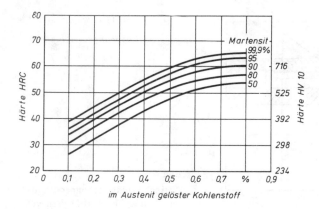

Bild 44
Härte HRC und HV als Funktion des gelösten Kohlenstoffes und des Martensitanteils [26]

Bild 45
Martensit (C 60), Wärmebehandlung 1 h 850 °C, Wasserabkühlung), geätzt mit alkoh.
HNO_3

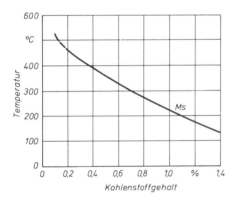

Bild 46 Martensittemperatur als Funktion
des Kohlenstoffgehaltes [26]

Der Umklappvorgang beginnt bei verhältnismäßig niedriger Temperatur (Bild 46), die
ebenfalls vom C-Gehalt abhängig ist. Ein gewisser Anteil an Austenit bleibt erhalten
(Restaustenit). Da Kohlenstoff austenitstabilisierend wirkt, steigt der Restaustenitanteil
mit dem Kohlenstoffgehalt an.

Durch Anlassen auf etwa 100 °C erfolgt eine Umwandlung des tetragonalen Martensits in
kubischen mit geringeren Spannungen. Die Härte nimmt etwas ab, die Zähigkeit dagegen
zu. Durch Anlassen bei Temperaturen zwischen 150 °C und 400 °C läßt sich die jeweils
gewünschte Härte und Zähigkeit einstellen. Dabei kommt es zur Ausscheidung von Eisen-
karbiden.

Vergüten

Durch Vergüten kann die Festigkeit ohne wesentliche Erniedrigung der Zähigkeit gesteigert
werden.

Methode: Erzielung eines feinkörnigen Vergütungsgefüges (Bild 47) durch Härten und Anlassen auf höhere Temperaturen von 400 ... 650 °C (Bild 48).

Bild 47
Vergütungsgefüge (C60), Wärmebehandlung
1 h 850°C, Wasserabkühlung, anschließend
Anlaßbehandlung von 1 h 600°C), geätzt
mit alkoh. HNO_3

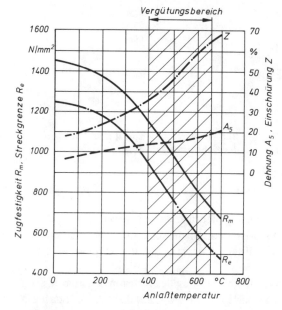

Bild 48
Vergütungsschaubild
(Werkstoff 25 CrMo 4) [26]

Für das Vergüten sind Stähle mit einem Mindest-C-Gehalt von 0,2 % geeignet. Wenn größere Querschnitte durchvergütet werden sollen, verwendet man niedriglegierte Stähle, da die Legierungselemente Cr, Ni und Mn die kritische Abkühlgeschwindigkeit (niedrigste Abkühlgeschwindigkeit, bei der das Gefüge martensitisch wird) herabsetzen.

Oberflächenhärten

Einsatzhärten

Zur Erzielung einer erhöhten Oberflächenhärte bei guter Zähigkeit des Kerns. Anwendung z.B. für Zahnräder, Hämmer in Getreidemühlen (Verschleiß). Verbesserte Dauerschwingfestigkeit durch Druckspannungen in der Randschicht. Geeignet für niedriggekohlte Stähle mit 0,06 ... 0,2 % C.

Methode: Aufkohlen („Zementieren") der Randschicht bei etwa 900 °C, wobei die kohlenstoffabgebenden Mittel in festem, flüssigem oder gasförmigem Zustand vorliegen können.

Fest: Einbetten der Teile in pulverisierter Kohle. Die Aufkohlung erfolgt über die Gasphase.

$$C + O_2 \text{ (aus der Luft)} \rightarrow CO_2$$
$$CO_2 + C \rightarrow 2CO$$
$$Fe + 2CO \rightarrow \text{Fe-C-Mischkristalle} + CO_2$$

Flüssig: Aufkohlung in Zyanidbädern [$Ba(CN)_2$, $NaCN$]

$$Fe + Ba(CN)_2 \rightarrow \text{Fe-C-Mischkristalle} + Ba\,CN_2$$

Gasförmig: Verbrennung und Dissoziierung von Kohlenwasserstoffgasen, z.B. Methan, die über die glühende Stahloberfläche geleitet werden.

$$Fe + CH_4 \rightarrow \text{Fe-C-Mischkristalle} + 2H_2$$

Aufkohlungsgeschwindigkeit je nach Einsatzmittel etwa 0,1 ... 0,3 mm/h, übliche Einsatztiefe: 0,5 ... 2 mm. Angestrebter C-Gehalt in der Randschicht: 0,8 %.

Härtung:
a) Abschrecken direkt von Einsatztemperatur,
b) Abschrecken von Härtetemperatur entsprechend dem Rand-Kohlenstoffgehalt,
c) Doppelhärtung durch Abschrecken von Härtetemperatur entsprechend C-Gehalt des Kerns und anschließend entsprechend dem C-Gehalt des Randes.

Nitrierhärten

Man unterscheidet Gas-, Bad- und Pulvernitrieren. Meist wird das Gasnitrieren im Ammoniakstrom bei 500 ... 550 °C angewendet. NH_3 dissoziiert und Stickstoff diffundiert atomar in die Stahloberfläche. Härtesteigerung durch Mischkristall- und Nitridbildung. Letztere kann durch Legierungselemente, die als Nitridbildner wirken (Al, Cr, Mn, W, V), verstärkt werden. Nitrierstähle enthalten daher außer Cr meist 0,9 ... 1,4 % Al. Vielfach handelt es sich um Vergütungsstähle, die zur Erzielung einer ausreichenden Kernfestigkeit vor dem Nitrieren vergütet werden müssen.

Beim Badnitrieren erfolgt die Aufstickung in stickstoffabgebenden Salzbädern.

Vorteile: Wenig Verzug, hohe Härte, saubere Oberfläche, kein Härteabfall bei Erwärmung bis 400 °C, erhöhte Dauerschwingfestigkeit.

Nachteil gegenüber Einsatzhärten: Höhere Kosten, da lange Nitrierzeiten (10 ... 60 h beim Gasnitrieren) erforderlich sind. Nur geringe Schichtdicke (ca. 0,01 mm/h).

Ionitrieren

Beim Ionitrieren im Plasma wird Stickstoff mit Hilfe eines elektrischen Feldes ionisiert, in Ionenform auf die Werkstückoberfläche geschossen und in diese eingelagert [44]. Die Ionisierung des Gases erfolgt in einem Vakuumbehälter, in dem das Werkstück elektrisch isoliert von der Behälterwand angeordnet ist. Zwischen Wand und Werkstück wird über eine angelegte Hochspannung (500 ... 1000 V) eine Glimmentladung erzeugt, nachdem in das Vakuum ein stickstoffhaltiges Gas eingeleitet wurde. Eine äußere Beheizung erfolgt nicht, die notwendige Erwärmung geschieht durch die mit hoher Energie auf der Oberfläche auftreffenden Stickstoffionen. Die Nitrierschicht hat bei einer Behandlungsdauer von 10 ... 20 h eine Dicke von 5 ... 15 μm.
Vorteile: Gute Maßhaltigkeit und Polierbarkeit, hoher Verschleißwiderstand.

Flammhärten

Die Stahl- oder Gußeisenoberfläche wird mittels eines Brenners (Mehrflammen-, Ringbrenner) auf Härtetemperatur erwärmt und durch eine Wasserbrause abgeschreckt (Bild 49). Der Werkstoff muß härtbar sein.

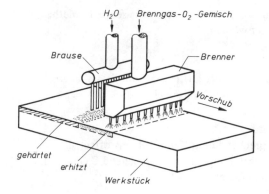

Bild 49
Flammhärten mit Mehrflammenbrenner [13]

Induktionshärten

Rasche Erwärmung zylinder- oder rohrförmiger Teile. Durch eine von einem hochfrequenten Wechselstrom durchflossene, wassergekühlte Spule wird in der Stahloberfläche ein sekundärer Wirbelstrom induziert, der in kurzer Zeit infolge des elektrischen Widerstandes eine Erwärmung auf Härtetemperatur herbeiführt. Anschließend Abschrecken (Bild 50). Voraussetzung ist ein härtbarer Stahl.
Eindringtiefe bei HF-Erwärmung (Stromverdrängung, Skineffekt):

$$t = \frac{1}{2\pi} \sqrt{\frac{\rho \cdot 10^5}{\mu f}} \text{ cm} \quad \text{oder} \quad t = 503 \sqrt{\frac{\rho}{\mu \cdot f}} \text{ mm}$$

ρ Spez. Widerstand (Ω mm^{2}m^{-1})
f Frequenz (s^{-1})
μ Permeabilität

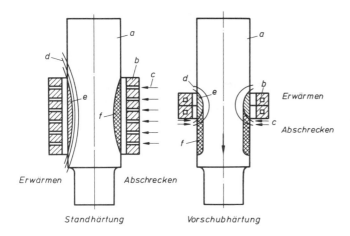

Erwärmen   Abschrecken

Standhärtung   Vorschubhärtung

Bild 50
Induktionshärten
einer Welle [13]
a Werkstück
b Induktor
c Abschreckmittel
d Magnetfeld
e erwärmte Zone
f gehärtete Zone

Rekristallisation

Metalle lassen sich elastisch und plastisch verformen. Eine plastische Verformung bei
niedrigen Temperaturen, z.B. Raumtemperatur, ist mit einer Verfestigung verbunden,
d.h. mit einem Anstieg von Härte und Festigkeit. Gleichzeitig wird das Gefüge verändert,
beim Ziehen eines Drahtes z.B. werden die Körner gestreckt. Glüht man einen kaltver-
formten Werkstoff, so kommt es bei hinreichend hoher Temperatur zu einer Entfestigung
(Erholung) und nach Überschreiten der Rekristallisationstemperatur zu einer Umbildung
des durch die Verformung veränderten Gefüges. Dabei entstehen im festen Zustand völlig
neue Körner, deren Größe vom Kaltverformungsgrad und von der Glühtemperatur abhängt (Bild 51).

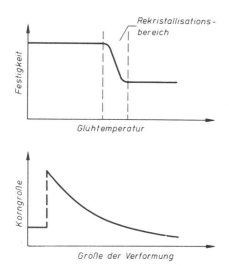

Bild 51
Verlauf von Festigkeit und
Korngröße bei Rekristallisation
(schematisch)

Alterung

Ausscheidungs- oder Abschreckalterung

Wird Stahl von etwa 600 °C rasch abgekühlt und gelagert, können Härtesteigerung und
verminderte Zähigkeit beobachtet werden. Der Vorgang wird durch Anlassen auf 200 ...
300 °C beschleunigt. Er ist zurückzuführen auf die Ausscheidung übersättigt gelöster Elemente (C, N, Al, Ti, Zr, V, Nb). Die Übersättigung entsteht durch abnehmende Löslichkeit bei sinkender Temperatur,
z. B. von N im Stahl (Bild 52).

Bild 52

Stickstofflöslichkeit in Stahl als
Funktion der Temperatur [25]

Verformungs- oder Reckalterung

Natürliche Alterung: Kaltverformung und Lagern bei Raumtemperatur.
Künstliche Alterung: Kaltverformung und Erwärmen auf 200 ... 300 °C.
Ursache: Stickstoffgehalte über 0,001 %.
Verhinderung der Verformungsalterung durch Binden von Stickstoff an Aluminium oder
durch Normalglühen. Thomasstähle sind besonders alterungsempfindlich, sie werden jedoch kaum noch hergestellt. Prüfung der Alterungsbeständigkeit im Kerbschlagbiegever-
such und Bestimmung der Übergangstemperatur $\vartheta_{ü}$, bei welcher der Verformungsbruch
in einen spröden Trennbruch übergeht. Je tiefer diese Temperatur liegt, umso geringer
ist die Versprödungsneigung. Bild 53 zeigt den Steilabfall der Kerbschlagzähigkeit bei
einem gealterten und einem normalgeglühten Stahl.

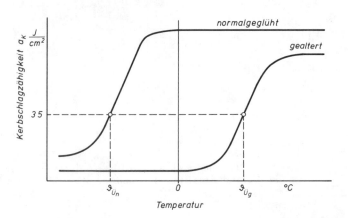

Bild 53
Kerbschlagzähigkeits-
Temperaturkurve von
normalgeglühtem und
gealtertem Stahl
(schematisch)
$\vartheta_{ü_n}$, $\vartheta_{ü_g}$ Übergangs-
temperaturen nach
Normalglühung bzw.
nach Alterung

Blausprödigkeit

Versprödung bei Verformung im Gebiet von 200 ... 300 °C. Sie kann als eine Art Alterungsversprödung gedeutet werden, bei der ein Alterungseffekt während des Verformungsvorganges auftritt.

Korngrenzenversprödung

1. Durch „Überblasen" und dadurch erhöhten Sauerstoffgehalt (selten),
2. durch Korngrenzenzementit bei niedrig gekohlten Stählen, die nach der Warmverformung zu langsam abgekühlt werden,
3. durch Schwefel. FeS bildet mit Eisen ein niedrig schmelzendes (988 °C) Eutektikum. Heißrißneigung, z.B. bei gasgeschweißten Feinblechen.

4.3 Kennzeichnung der Werkstoffe

Die systematische Kennzeichnung der Werkstoffe erfolgt entweder durch symbolische Buchstaben und Zahlen oder durch Zahlen allein (DIN 17 007).
Überschreitet die Summe der Legierungselemente die bei unlegierten Stählen üblichen Gehalte, bleibt aber unter 5 %, so spricht man von niedriglegierten Stählen. Ihre Bezeichnung erfolgt nach der Zusammensetzung unter Verwendung von Multiplikatoren.

Tabelle 3 Multiplikatoren zur Kennzeichnung niedriglegierter Stähle

Multiplikator	Legierungselement									
4	Co	Cr	Mn	Ni	Si	W				
10	Al	Be	Cu	Mo	Nb	Pb	Ta	Ti	V	Zr
100	C	Ce	N	P	S					
1000	B									

DIN 17 007 sieht dagegen vor, jedem Werkstoff eine sechs- bis siebenstellige *Werkstoffnummer* (WNr) zuzuordnen, was dem zunehmenden Bedürfnis entspricht, ein rechentechnisch auswertbares Zahlensystem für Werkstoffe zu erhalten.
Erfahrungsgemäß ist die Umstellung vom geläufigeren System der Buchstaben und Zahlen auf jenes der Werkstoffnummern für den am Anfang seiner Industrietätigkeit stehenden Ingenieur zunächst etwas verwirrend. Es soll im folgenden jedoch gezeigt werden, daß die Systematik der Werkstoffklassifizierung nach DIN 17 007 durchaus sinnvoll ist.

DIN 17 007 Werkstoffnummern

Allgemeine Festlegung: Jeder Werkstoff wird durch eine fünfziffrige Zahl gekennzeichnet, die beim „Werkstoffhandbuch der Deutschen Luftfahrt" zugleich die Nummer des Werkstoff-Leistungsblattes ist, und der nach Bedarf eine ein- oder zweiziffrige Zahl hinzugefügt wird, die besondere kennzeichnende Eigenschaften des Werkstoffes angeben soll.

Diese *Werkstoffnummer* wird durch zwei Punkte jeweils nach der ersten und nach der
fünften Ziffer aufgegliedert:

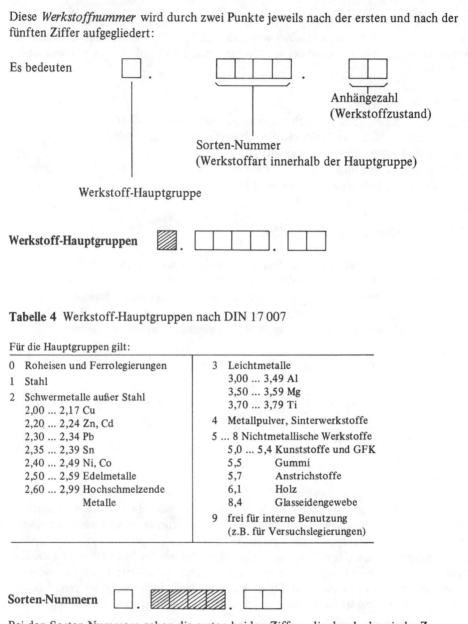

Es bedeuten

Anhängezahl
(Werkstoffzustand)

Sorten-Nummer
(Werkstoffart innerhalb der Hauptgruppe)

Werkstoff-Hauptgruppe

Werkstoff-Hauptgruppen

Tabelle 4 Werkstoff-Hauptgruppen nach DIN 17 007

Für die Hauptgruppen gilt:

0 Roheisen und Ferrolegierungen	3 Leichtmetalle
1 Stahl	3,00 ... 3,49 Al
2 Schwermetalle außer Stahl	3,50 ... 3,59 Mg
2,00 ... 2,17 Cu	3,70 ... 3,79 Ti
2,20 ... 2,24 Zn, Cd	4 Metallpulver, Sinterwerkstoffe
2,30 ... 2,34 Pb	5 ... 8 Nichtmetallische Werkstoffe
2,35 ... 2,39 Sn	5,0 ... 5,4 Kunststoffe und GFK
2,40 ... 2,49 Ni, Co	5,5 Gummi
2,50 ... 2,59 Edelmetalle	5,7 Anstrichstoffe
2,60 ... 2,99 Hochschmelzende	6,1 Holz
Metalle	8,4 Glasseidengewebe
	9 frei für interne Benutzung
	(z.B. für Versuchslegierungen)

Sorten-Nummern

Bei den Sorten-Nummern geben die ersten beiden Ziffern die durch chemische Zusammensetzung und Verwendungszweck festgelegte *Sortenklasse* eines Werkstoffs an , vgl.
Tab. 5–7 für Stahl, NE-Schwermetalle und NE-Leichtmetalle. Die letzten zwei Ziffern
der Sortennummer dienen vorwiegend der Werkstoffunterscheidung innerhalb der Sortenklasse. Sie werden für jeden Werkstoff vom Fachnormenausschuß als *Zählnummern* festgelegt und lassen im allgemeinen keinen Rückschluß auf den Legierungsgehalt zu.

Tabelle 5 Sorten-Klassen nach DIN 17 007 für Stahl

Stähle einschließlich Stahlguß

Übergeordnete Gruppen: **Massen- und Qualitätsstähle** (Allgemeine Sorten 0X / Sondersorten 9X), **unlegierte Edelstähle** (1X), **legierte Edelstähle** – verschiedene Stähle · Werkzeugstähle (2X), Schnellarbeitsstähle (3X), chemisch beständige Stähle (4X), (5X), sowie **Baustähle** (6X, 7X, 8X).

Endziffer	Allgemeine Sorten (0X)	Sondersorten (9X)	unlegierte Edelstähle (1X)	verschiedene Stähle · Werkzeugstähle (2X)	Schnellarbeitsstähle u.a. (3X)	chemisch beständige Stähle / Edelstähle (4X)	(5X)	Baustähle (6X)	Baustähle (7X)	Baustähle (8X)
0	00 Handels- und Grundgüten	90 Handels- und Grundgüten	10 Stähle mit bes. physik. Eigenschaften	20 Cr	30	40 Mn, Si, Cu — molybdänfrei ohne Sonderzusätze	50 Mn, Si, Cu	60 Cr Ni $\geq$2,0 <3,0 % Cr	70 Cr	80 Cr Si Mo, Cr Si Mn Mo, Cr Si Mo V, Cr Si Mn Mo V
1	01	91 Allg. Baustähle unlegiert bis rd. 0,30 % C nach DIN 17100	11 <0,50 % C (Baustähle)	21 Cr Si, Cr Mn, Cr Mn Si	31	41 Mn Si — molybdänhaltig ohne Sonderzusätze	51 Mn Si	61	71 Cr Si, Cr Mn, Cr Si Mn	81 Cr Si V, Cr Mn V
2	02	92 Allg. Baustähle unlegiert bis rd. 0,30 % C außerhalb DIN 17100	12 $\geq$0,50 % C (Baustähle)	22 Cr V, Cr V Si, Cr V Mn, Cr V Mn Si	32 kobalthaltig	42	52 Ni Si, Ni Mn, Ni Cu	62 Ni Si, Ni Mn, Ni Cu	72 Cr Mo <0,35 % Mo	82 Cr Mo W, Cr Mo W V
3	03 <0,10 % C	93	13	23 Cr Mo, Cr Mo V	33 kobaltfrei	43 — molybdänfrei ohne Sonderzusätze	53 Mn Ti, Si Ti, Mn Si Ti, Mn Si Zr	63 Ni Mo, Ni Mo Mn, Ni Mo V, Ni V Mn, Ni Cu Mo	73 Cr Mo $\geq$0,35 % Mo	83
4	04 $\geq$0,10 <0,30 % C	94	14	24 W, Cr W	34 (verschleißfeste Stähle)	44 — molybdänhaltig ohne Sonderzusätze	54 Mo (einschl. Mn, Si) Nb, Ti, V, W, Cr W, Cr V W	64	74	84 Cr Si Ti, Cr Mn Ti, Cr Si Mn Ti
5	05 $\geq$0,30 <0,60 % C	95	15 I. Güte	25 W V, Cr W V	35 (Wälzlagerstähle)	45 — mit Sonderzusätzen	55	65 Cr Ni Mo <0,4 % Mo + <2,0 % Ni	75 Cr V <2,0 % Cr	85 (Nitrierstähle)
6	06 $\geq$0,60 % C	96	16 II. Güte	26 W außer Klassen 24, 25 und 27	36 kobaltfrei außer Ni Al Leg.	46	56 Ni	66 Cr Ni Mo <0,4 % Mo + $\geq$2,0 <3,5 % Ni	76 Cr V $\geq$2,0 % Cr	86
7	07 mit höherem P- und/oder S-Gehalt	97	17 III. Güte	27 nickelhaltig	37 kobalthaltig und Ni Al Leg.	47 mit <2,0 % Ni	57 Cr Ni <1,0 % Cr	67 Cr Ni Mo <0,4 % Mo + $\geq$3,5 <5,0 % Ni oder $\geq$4 % Mo	77 Cr Mo V	87
8	08 mit niedrigem C-Gehalt (<0,30 % C)	98	18 für Sonderzwecke	28 sonstige Legierungen	38 nickelfrei	48 mit $\geq$2 % Ni	58 Cr Ni $\geq$1,0 <1,5 % Cr	68 Cr Ni V, Cr Ni W, Cr Ni V W	78	88 (Hartlegierungen)
9	09 mit höherem C-Gehalt ($\geq$0,30 % C)	99	19	29	39 nickelhaltig	49 (Hochtemperaturwerkstoffe)	59 Cr Ni $\geq$1,5 <2,0 % Cr außer Klassen 57 bis 68	69 Cr Ni außer Klassen 57 bis 68	79 Cr Mn, Cr Mn Mo V	89

Seitliche Gruppenbezeichnungen:
- Allgemeine Sorten 0X: unlegierte Qualitätsstähle (03–07), legierte Qualitätsstähle (08–09)
- Sondersorten 9X: Stähle mit bes. physik. Eigenschaften
- unlegierte Edelstähle 1X: Baustähle (11–12), Werkzeugstähle (15–17)
- Schnellarbeitsstähle (30–33); Eisenwerkstoffe mit besonderen physikalischen Eigenschaften: Magnetlegierungen (36–37), sonstige (38–39)
- chemisch beständige Stähle: Nichtrostende Legierungen mit <2,0 % Ni (40–42); Nichtrostende Legierungen mit $\leq$2,0 % Ni (43–46); Hitzebeständige Legierungen (47–48); Hochtemperaturwerkstoffe (49)

In den einzelnen Feldern der Tafel sind neben den Sortenklassen die Bezeichnungen der Werkstoffarten oder die Hauptlegierungs-Bestandteile angegeben

Tabelle 6 Sortenklassen nach DIN 17 007 für NE-Schwermetallwerkstoffe

	Kupfer und Kupferlegierungen		Zn, Cd + Legierungen	Pb, Sn + Legierungen	Ni, Co + Legierungen	Edelmetalle + Legierungen	Hochschm. Metalle + Legierungen	Reserve	Reserve	Reserve
0	00 Rein-Cu	10 CuSn-Leg. (Bronzen)	20 Rein-Zn	30 Rein-Pb	40 Rein-Ni und Rein-Co	50	60	70	80	90
1	01	11 CuPb-Leg. / Reserve	21 Zn-Leg.	31 Pb und Pb-Leg. für Kabelmäntel	41 Ni- und Co-Leg.	51	61	71	81	91
2	02 CuZn-Leg.	12 CuAg-Leg. / CuAu-Leg. / Reserve / CuBe-Leg. / CuCd-Leg. / CuCo-Leg. / CuCr-Leg.	22 Zn- Bleche und Bänder	32 Hartblei	42 niedriglegiert	52	62	72	82	92
3	03 (Messing)	13 Reserve / CuFe-Leg. / CuMg-Leg. / CuMn-Leg. / CuO-Leg.	23 Lote auf Zn-Basis	33 Pb-Mehrstoff-Leg.	43 Ni- und Co-Leg. hochlegiert / NiCu- und	53 Edelmetalle	63 hoch-	73	83	93
4	04 CuZn-	14 Reserve / CuP-Leg. / CuPd-Leg. / CuPt-Leg. / Reserve	24 Cd, Cd-Leg., Lote auf Cd-Basis	34 Weichlote auf Pb-Basis / Reserve	44 CoCu-Leg. / NiFe- und	54	64 Schmelzende Metalle	74 Reserve	84 Reserve	94 Reserve
5	05 + Ni, Mn, Fe, Sn, Al, Si, (Sondermessing)	15 CuSe-Leg. / CuSi-Leg. / CuTe-Leg. / Reserve / CuTi-Leg. / CuZr-Leg.	25	35 Rein-Sn / Reserve	45 CoFe-Leg.	55	65	75	85	95
6	06 Reserve	16 Cu-Leg.	26	36 SnPb-Weichlote	46 Ni-Leg. mit „NIMONIC"	56	66	76	86	96
7	07 CuNiZn-Leg. (Neusilber)	17 Reserve	27 Reserve	37 Reserve / SnPbSb-Druckguß-Leg. / SnSbCu-Druckguß-Leg. / SnSbCu-Lagermetalle / Reserve	47 Co, Cr und Mo Co-Leg. mit	57	67	77	87	97
8	08 CuNi-Leg. z.B. „MONEL" „KONSTANTAN"	18 Reserve	28	38 sonstige Sn-Leg.	48 Cr, Ni und Mo	58	68	78	88	98
9	09 CuAl-Leg. (Al-Bronzen)	19	29	39 Reserve	49	59	69	79	89	99

Tabelle 7 Sortenklassen nach DIN 17007 für NE-Leichtmetallwerkstoffe

Al und Al Legierungen (niedrig-legiert)	AlCu-Legierungen	AlSi-Legierungen	AlMg-Legierungen	AlZn-Legierungen	Mg + Mg-Legierungen	Reserve	Ti + Ti-Legierungen	Reserve	Reserve
00 Al-Leg. mit Sonst. Zusätzen	10 AlCu-Leg. mit Sonst. Zusätzen	20 AlSi-Leg. mit Sonst. Zusätzen	30 AlMg-Leg. mit Sonst. Zusätzen	40 AlZn-Leg. mit Sonst. Zusätzen	50 Rein-Mg und Mg-Vor-legierungen	60	70	80	90
01 } Rein-Al	11 AlCu-Leg. (binär)	21 AlSiCu-Leg.	31 AlMgCu-Leg.	41 AlZnCu-Leg.	51 Mg-Leg. mit Selt. Erden, Th Zn und Zr	61	71	81	91
02 } Rein-Al	12 AlCuSi-Leg.	22 AlSi-Leg. (binär)	32 AlMgSi-Leg.	42 AlZnSi-Leg.	52 MgMn-Leg. Reserve	62	72	82	92
03 } Rein-Al	13 AlCuMg-Leg.	23 AlSiMg-Leg.	33 AlMg-Leg. (binär)	43 AlZnMg-Leg.	53 }	63 } Reserve	73	83 } Reserve	93
04	14 AlCuZn-Leg.	24 AlSiZn-Leg.	34 AlMgZn-Leg.	44 AlZn-Leg. (binär)	54 MgAlZn-Leg.	64 } Reserve	74 } Titan und Ti-Leg.	84 } Reserve	94 } Reserve
05 Al-Leg. mit Mn, Cr	15 AlCu-Leg. mit Mn, Cr	25 AlSi-Leg. mit Mn, Cr	35 AlMg-Leg. mit Mn, Cr	45 AlZn-Leg. mit Mn, Cr	55 (und	65	75	85	95
06 Al-Leg. mit Pb, Sb, Sn, Bi, Cd, Ca	16 AlCu-Leg. mit Pb, Sb, Sn, Cd, Bi, Ca	26 AlSi-Leg. mit Pb, Sb, Sn, Cd, Bi, Ca	36 AlMg-Leg. mit Pb, Sb, Sn, Cd, Bi, Ca	46 AlZn-Leg. mit Pb, Sb, Sn, Cd, Bi, Ca	56 Sonstige)	66	76	86	96
07 Al-Leg. mit Ni, Co	17 AlCu-Leg. mit Ni, Co	27 AlSi-Leg. mit Ni, Co	37 AlMg-Leg. mit Ni, Co	47 AlZn-Leg. mit Ni, Co	57	67	77	87	97
08 Al-Leg. mit Ti, B, Be, Zr	18 AlCu-Leg. mit Ti, B, Be, Zr	28 AlSi-Leg. mit Ti, B, Be, Zr	38 AlMg-Leg. mit Ti, B, Be, Zr	48 AlZn-Leg. mit Ti, B, Be, Zr	58	68	78	88	98
09 Al-Leg. mit Fe	19 AlCu-Leg. mit Fe	29 AlSi-Leg. mit Fe	39 AlMg-Leg. mit Fe	49 AlZn-Leg. mit Fe	59	69	79	89	99

Anhängezahlen ☐ . ☐☐☐☐ . ▨▨

Soweit erforderlich, werden die Anhängezahlen zur Kennzeichnung der Erschmelzungs-
und Vergießungsart sowie des Behandlungszustandes verwendet. Sie sind für die einzelnen
Hauptgruppen gemäß Tabelle 8 gegliedert.

Tabelle 8 Anhängezahlen für Stahl und NE-Metalle nach DIN 17 007

Für Eisen und Stahl		Für NE-Metalle	
☐ ☐☐☐☐ ☐ ☐		☐ ☐☐☐☐ ☐ ☐	

.0 unbestimmt oder
    ohne Bedeutung
	0 keine
	   oder beliebige
	   Behandlung
		.0 unbehandelt
		.1 weich
		.2 kaltverfestigt	

.1 unberuhigter Thomasstahl	1 normalgeglüht	.3 kaltverfestigt (hart)	
.2 beruhigter Thomasstahl	2 weichgeglüht	.4 lösungsgeglüht ohne	2. Anhänge-

.3 unberuhigter Stahl
    sonstiger
    Erschmelzungsart
	3 wärmebehandelt
	   auf gute
	   Zerspanbarkeit
		mechanische Nacharbeit
		.5 lösungsgeglüht, kalt-
		    nachbearbeitet
			zahl ist
			DIN 17007
			Blatt 4 zu

.4 beruhigter Stahl
    sonstiger
    Erschmelzungsart
	4 zäh vergütet	.6 warmausgehärtet, ohne
		    mechanische Nacharbeit
		.7 warmausgehärtet, kalt
			entnehmen

.5 unberuhigter M-Stahl	5 vergütet	nachbearbeitet	
.6 beruhigter M-Stahl	6 hartvergütet	.8 entspannt, ohne vorherige	
.7 unberuhigter Sauer- stoff-Aufblasstahl	7 kaltverformt	Kaltverfestigung .9 Sonderbehandlung	

.8 beruhigter Sauerstoff-
    Aufblasstahl
	8 federhart
	   kaltverformt		

.9 Elektrostahl	9 behandelt
	   nach besonderen
	   Angaben		

Allgemeine Merkregel zur Kennzeichnung durch Werkstoffnummern

Die *Hauptgruppe* gibt zunächst an, um welche Art von Werkstoff es sich handelt (Stahl,
NE-Metall, Kunststoff usw.). Bei der daran anschließenden *Sortennummer* kennzeichnen
die beiden ersten Stellen die *Sortenklasse,* d.h. den Werkstofftyp innerhalb der Hauptgruppe nach Zusammensetzung und Verwendungszweck (unlegierte Baustähle, Werkzeugstähle, Leichtmetallegierungen auf AlCu- oder AlMgZn-Basis usw.). Die beiden weiteren
Stellen bilden lediglich eine *Zählnummer* für die verschiedenen Werkstoffe der jeweiligen
Sortenklasse. Die ein- oder zweistellige *Anhängezahl* dient, soweit erforderlich, zur Kennzeichnung des Werkstoffzustands.

Luftfahrtnormen

Werkstoffe, die für die Luft- und Raumfahrt benötigt werden, sind in sogenannten Leistungsblättern im „Werkstoffhandbuch der Deutschen Luftfahrt" zusammengefaßt. Wegen der hohen Qualitätsanforderungen an diese Werkstoffe muß ihre Herstellung besonders sorgfältig überwacht werden. In der Regel erkennt man diese auch als Fliegwerkstoffe bezeichneten Konstruktionsmaterialien an der Endziffer 4 in der Sorten-Nummer. Eine Ausnahme von dieser Regel bilden die hochwarmfesten ‚NIMONIC'-Legierungen, für die im Werkstoffhandbuch in der Hauptgruppe 2 (= NE-Schwermetalle) die Sorten-Nummern 4600 ... 4699 vorgesehen worden sind.

Da in der europäischen Luft- und Raumfahrtindustrie vielfach Werkstoffspezifikationen anderer Länder, insbesondere der USA, berücksichtigt werden müssen, enthält das Werkstoffhandbuch der Deutschen Luftfahrt zu jedem Leistungsblatt eine Zusammenstellung der vergleichbaren auswärtigen Werkstoffe mit den jeweils üblichen Normkennzeichnungen.

Vergleichstabellen finden sich für Eisen- und Stahlwerkstoffe außerdem im „Stahlschlüssel" [27] und für Leichtmetallwerkstoffe im „Aluminium-Taschenbuch" [28].

5 Im Maschinenbau übliche Stähle

5.1 Unlegierte Baustähle

Nach Euronorm 20-74 unterscheidet man zwischen unlegierten und legierten Stählen sowie zwischen Grundstählen, Qualitätsstählen und Edelstählen.

Grundstähle sind unlegierte Stahlsorten, deren Festigkeitseigenschaften nicht durch eine Wärmebehandlung sichergestellt werden.

Qualitätsstähle sind unlegierte oder legierte allgemeine Baustähle mit besonderen Anforderungen an ihre Eignung zum Kaltverformen oder ihre Eignung als Kessel- und Druckbehälterstähle für höhere oder tiefere Temperaturen oder an ihre Beständigkeit gegen atmosphärische Korrosion oder an ihre elektrischen oder magnetischen Eigenschaften usw.

Edelstähle sind unlegierte oder legierte Stahlsorten, deren Eigenschaften durch eine Wärmebehandlung sichergestellt werden und die eine größere Reinheit als Qualitätsstähle aufweisen, z.B. Einsatz-, Vergütungs- und Werkzeugstähle, Stähle für Kernreaktoren usw.

Zu den *Grundstählen* gehören beispielsweise

Massenbaustähle nach DIN 17 100 (Tabellen 9, 10 und 11)

Gütegruppe 1: Allgemeine Anforderungen (niedrige Wanddicken, statische Beanspruchung, normale Betriebstemperatur)

Gütegruppe 2: Höhere Anforderungen

Gütegruppe 3: Sonderanforderungen (z.B. Dickblech-Schweißkonstruktionen, die bei tiefen Temperaturen eingesetzt werden)

Tabelle 9 Sorteneinteilung nach DIN 17 100

Gütegruppe	1	2	3
Erschmelzung		$M,Y^{1)}$	$M,Y^{1)}$
Vergießung	U,R	U,R	RR
A_v-Mindestwerte		gewährleistet (außer St 50,60,70)	gewährleistet
	St 33-1		
		St 37-2	
		U St 37-2	St 37-3
		R St 37-2	
		St 44-2	St 44-3
		St 50-2	St 52-3
		St 60-2	
		St 70-2	

[1]) in DIN 17100 nicht festgelegt, muß aber auf Wunsch bekanntgegeben werden

Abkantbarkeit, Schmied- und Ziehbarkeit

Q-Qualitäten gewährleisten Abkantbarkeit, z. B. RQSt 37-2
r > (1 ... 2) s (je nach Walzrichtung und Blechdicke).
Ferner Qualitäten zum Gesenkschmieden, z. B. RPSt 37-2 und zum Stabziehen, z. B.
RZSt 37-2.

Tabelle 10 Ungefährer Kohlenstoffgehalt der Stähle nach DIN 17 100
in % (Schmelzanalyse)

Stahlsorte	C max. %
St 33	-
St 37	0,20
St 44	0,20 + Mn
St 50	ca. 0,35
St 52	0,20 + ca. 1,5 % Mn
St 60	ca. 0,45
St 70	ca. 0,55

*Ungefährer Kohlenstoffgehalt der Stähle
nach DIN 17 100 in % (Schmelzanalyse)*

Tabelle 11 Begrenzung der Begleitelemente
in % (Schmelzanalyse)

Begleitelement	Gütegruppe		
	1	2	3
P	–	0,050	0,040
S	–	0,050	0,040
N	–	0,007 – 0,009	–

Tabelle 12 Nahtlose Rohre nach DIN 1629

Anforderungen	Rohrart	Stahlqualität
Allgemeine Anforderungen	Handelsgüte	St 00
Höhere Anforderungen	Gütevorschriften	St 35 – St 52
Höchste Anforderungen	Besondere Gütevorschriften	St 35.4 – St 52.4 [1]

[1] 4 bedeutet Gewährleistung mechanisch-technologischer Gütewerte

Zu den *Qualitätsstählen* gehören

Tabelle 13 Kesselstähle nach DIN 17 155

	C	Si	Mn	P und S (%)	R_m (Nmm^{-2})
H I	⩽ 0,16		⩾ 0,40		340 ... 440
H II	⩽ 0,20	⩽ 0,35 [1]	⩾ 0,50	je ⩽ 0,050	400 ... 490
H III	⩽ 0,22		⩾ 0,55		430 ... 520
H IV	⩽ 0,26		⩾ 0,60		460 ... 550

[1] Kesselblech H I darf auch unberuhigt vergossen sein

Feinbleche aus weichen, unlegierten Stählen

Für Umformarbeiten, z. B. Tiefziehen geeignet.
Oberfläche: 03 übliche kaltgewalzte Oberfläche
                  05 beste Oberfläche, z. B. St 1405 oder 1.0338 05

Tabelle 14 Kaltgewalzte Feinbleche nach DIN 1623, Bl. 1

Stahlsorte		Desoxydation	R_m	R_e
Kurzname	W.-Nr.		(Nmm^{-2})	(Nmm^{-2})
St 12	1.0330	U	270 ... 410	280
St 13	1.0333	U	270 ... 370	250
St 14	1.0338	RR	270 ... 350	220

Zu den *Edelstählen* gehören

Unlegierte Einsatzstähle (DIN 17 210)

C 10, Ck 10 mit C = 0,1 %;   ohne k: P und S je $\leqslant$ 0,045 %
C 15, Ck 15 mit C = 0,15 %; mit   k: P und S je $\leqslant$ 0,035 %, zusätzlich größere Gleich-
mäßigkeit, weitergehende Freiheit von nichtmetallischen Einschlüssen und bessere Ober-
flächenbeschaffenheit.

Unlegierte Vergütungsstähle (DIN 17 200)

C 35, C 45, C 60   ohne k: P und S je $\leqslant$ 0,045 %
Ck 35, Ck 45, Ck 60   mit   k: P und S je $\leqslant$ 0,035 %

5.2 Legierte Stähle

Für die Einordnung einer Stahlsorte in die Gruppe der unlegierten oder legierten Stähle
gilt Tabelle 15 nach Euronorm 20-74. Als legiert gelten Stahlsorten, wenn der Legierungsgehalt für wenigstens ein Element die Grenzwerte von Tabelle 15 erreicht oder überschreitet. Legierte Stähle sind immer Qualitäts- oder Edelstähle.
Lassen sich Stähle nach obiger Definition als legierte Stähle einordnen und bleibt die
Summe der Legierungselemente unter 5 %, so spricht man von *niedriglegierten Stählen*.

Niedriglegierte Stähle

Niedriglegierte Vergütungsstähle

Bei Dicken > 40 mm verwendet man zur besseren Durchvergütung legierte Vergütungsstähle. Beispiele für Bezeichnung und Zusammensetzung siehe Tabelle 16.

Tabelle 15 Für die Abgrenzung der unlegierten von den legierten Stählen maßgebende Gehalte

Legierungselement	Grenzgehalt in Gewichts- prozent	Legierungselement	Grenzgehalt in Gewichts- prozent
Aluminium	0,10	Blei	0,40
Bor	0,0008	Selen	0,10
Chrom [1]	0,30	Silizium	0,50
Kobalt	0,10	Tellur	0,10
Kupfer [1]	0,40	Titan [2]	0,05
Lanthanide	0,05	Wismut	0,10
Mangan	1,60	Wolfram	0,10
Molybdän [1]	0,08	Vanadin [2]	0,10
Nickel [1]	0,30	Zirkonium [2]	0,05
Niob [2]	0,05	Sonstige [3]	0,05

[1] Sind laut Lieferbedingung zwei, drei oder vier dieser Elemente in dem Stahl enthalten, so sind für die Einordnung maßgebend
— sowohl die Grenzwerte für jedes dieser Elemente
— als auch der Grenzwert für die Summe dieser Elemente, der 70 % der Summe aus den in Tabelle 15 angegebenen Grenzwerten beträgt.

[2] Die Regel unter [1] gilt auch für diese Elemente.

[3] mit Ausnahme von Kohlenstoff, Phosphor, Schwefel, Stickstoff und Sauerstoff.

Tabelle 16 Zusammensetzung einiger Vergütungsstähle nach DIN 17 200

	C45 [3]	34 CrMo 4	30 CrNiMo 8
C (%)	0,42 ... 0,50	0,30 ... 0,37	0,26 ... 0,33
Si (%)	0,15 ... 0,35	0,15 ... 0,40	0,15 ... 0,40
Mn (%)	0,5 ... 0,8	0,5 ... 0,8	0,3 ... 0,6
P (%)	< 0,045	< 0,035	< 0,035
S (%)	< 0,045	< 0,035	< 0,035
Cr (%)		0,9 ... 1,2	1,8 ... 2,2
Mo (%)		0,15 ... 0,25	0,3 ... 0,5
Ni (%)			1,8 ... 2,2
R_m (N/mm²)	590 ... 740 [1] 700 ... 850 [2]	980 ... 1180 [2]	1230 ... 1430 [2]
$R_{p0,2}$ (N/mm²)	335 [1]	785 [2]	1030 [2]
A_5 (%)	16 [2]	12 [2]	9 [2]

[1] normalgeglüht;   [2] vergütet, 30 mm ϕ;   [3] unlegiert

Da auch bei legierten Stählen der Querschnitt bei großer Wanddicke nicht vollständig durchvergütet werden kann, ist bei der Konstruktion eine entsprechend niedrige zulässige Spannung zu wählen. Unter Zugrundelegung eines Sicherheitsbeiwertes wird sie von der Streckgrenze abhängig gemacht entsprechend

$$\sigma_{zul} = \alpha\, R_e \ \text{mit}\ \alpha < 1 \quad \text{oder} \quad \sigma_{zul} = \frac{1}{\beta}\, R_e \ \text{mit}\ \beta > 1$$

Die der Berechnung zugrundezulegenden Werte der Streckgrenze in Abhängigkeit von Wanddicke bzw. Durchmesser bei Rundmaterial gibt am Beispiel der Stähle 42 CrMo 4 und 36 CrNiMo 4, Bild 54 wieder.

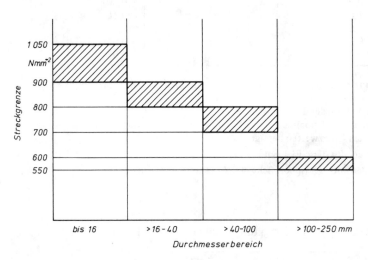

Bild 54 Verwendungsbereiche der vergüteten Stähle 42 CrMo 4 und 36 CrNiMo 4 nach DIN 17 200

Die Festigkeitswerte üblicher legierter Vergütungsstähle sind Tabelle 17 zu entnehmen.

Tabelle 17 Streckgrenze und Zugfestigkeit von legierten Vergütungsstählen in N/mm^2 (DIN 17 200)

Stahlsorte	$R_{p0,2}$ (bis 16 mm ϕ)	R_m (bis 16 mm ϕ)	$R_{p0,2}$ (16 bis 40 mm ϕ)	R_m (16 bis 40 mm ϕ)
42 MnV 7	885	1080 ... 1270	785	980 ... 1180
34 Cr 4	685	880 ... 1080	590	780 ... 930
25 CrMo 4	685	880 ... 1080	590	780 ... 930
34 CrMo 4	785	980 ... 1180	665	880 ... 1080
42 CrMo 4	885	1080 ... 1280	765	980 ... 1180
34 CrNiMo 6	980	1180 ... 1380	885	1080 ... 1280
30 CrNiMo 8	1030	1230 ... 1430	1030	1230 ... 1430

Niedriglegierte Einsatzstähle

Die wichtigsten legierten Einsatzstähle enthält Tabelle 18.

Tabelle 18 Legierte Einsatzstähle nach DIN 17 210

Stahlsorte	Streckgrenze und Zugfestigkeit im Kern nach dem Härten bei 30 mm Durchmesser	
	$R_{p\,0,2}$ N/mm^2	R_m N/mm^2
15 Cr 3	440	690 ... 890
16 MnCr 5	590	780 ... 1080
20 MnCr 5	685	980 ... 1280
15 CrNi 6	635	880 ... 1180
18 CrNi 8	785	1180 ... 1430

Niedriglegierte Kesselstähle (DIN 17 175)

Legierungselemente erhöhen die Anlaßbeständigkeit und damit die Warmfestigkeit (Mo, V, W). Die Erhöhung der Warmfestigkeit erfolgt durch Karbidbildung. Feine Karbide behindern das Gleiten und erhöhen dadurch die Festigkeit auch bei höheren Temperaturen. Die üblichen Wandtemperaturen bei Kesseln stiegen von 250 °C im Jahre 1900 auf 650 °C bei den heutigen modernen Kesselanlagen an.

Folgende Eigenschaften sind beim Einsatz von Stahl bei höheren Temperaturen von Interesse:

Warmstreckgrenze: Streckgrenze bei erhöhter Temperatur, im Kurzzeitversuch bestimmt.

DVM-Kriechgrenze: Nach DIN 50 117 ermittelter Werkstoffwert, im 45 h-Versuch bestimmt.

Zeitstandfestigkeit: Beanspruchung, die bei konstanter Temperatur nach 1000, 10 000 oder 100 000 h zum Bruch führt ($\sigma_{B/1000}$, $\sigma_{B/100\,000}$).

Zeitdehngrenze: Beanspruchung, die z.B. nach 10 000 h eine bleibende Dehnung von 1 % hervorruft: $\sigma_{1/10\,000}$.

Tabelle 19 gibt für einige Stahlsorten die entsprechenden Festigkeitswerte wieder.

Tabelle 19 Warmstreckgrenze und Zeitstandfestigkeit für einige Stahlsorten in Nmm^{-2}

Stahl	Warmstreckgrenze				Zeitstandfestigkeit für 100 000 h			
	20 °C	300 °C	350 °C	400 °C	420 °C	450 °C	500 °C	550 °C
C 35	275	186	167	147	108	69	34	–
19 Mn 5	315	226	206	177	137	88	39	–
13 CrMo 44	295	235	216	206	–	284	137	49
24 CrMo 5	440	363	333	304	308	226	118	36
21 CrMoV 511	540	481	461	431	410	349	212	92

Hochlegierte Stähle (> 5 % Legierungselemente)

Zur Beurteilung des Verhaltens hochlegierter Stähle muß man bei kleinen C-Gehalten die binären Zustandsdiagramme Eisen-Legierungselement heranziehen, bei höheren die entsprechenden Dreistoffschaubilder.

Es gibt zwei Grundtypen von Zweistoffschaubildern, nämlich das Schaubild mit einge-
schnürtem γ-Feld (Si, Cr, Mo, V, W, Al, Ti, Nb, P als Legierungselemente) und das Schaubild mit erweitertem γ-Feld (Ni, Mn, Cu, C, N, Co), vgl. Bild 55. Im ersten Falle erhält
man hochlegierte ferritische, im zweiten Fall hochlegierte austenitische Stähle.

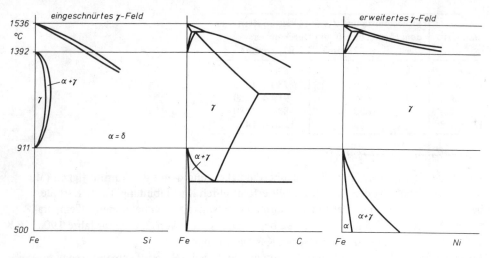

Bild 55 Beeinflussung des γ-Gebietes durch Legierungselemente

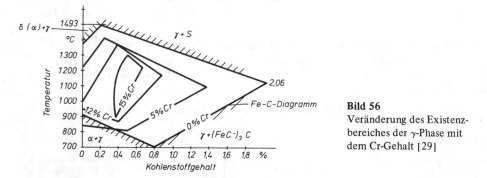

Bild 56
Veränderung des Existenz-
bereiches der γ-Phase mit
dem Cr-Gehalt [29]

Wie sich der Existenzbereich der γ-Phase mit dem Cr-Gehalt ändert, kann Bild 56 ent-
nommen werden.
Die Wirkung von Chrom: Bildung einer dünnen, dichten Oberflächenschicht aus Chrom-
oxid, die als Schutzschicht wirkt. Diese Wirkung wird unterstützt durch Si und Al. Dem-
gegenüber ergeben sich bei unlegierten Stählen große Diffusionsgeschwindigkeiten von
Sauerstoff (von außen nach innen) und von Eisen (von innen nach außen), so daß die
Schichten dicker werden und, im Umwandlungsbereich auch unter dem Einfluß von
Volumenänderungen, abblättern.
Reine Chromstähle sind ab 13 % umwandlungsfrei ferritisch („ferritische Stähle").
Bezeichnung: X 8 Cr 17, X 12 Cr 24 usw.

Normung der hochlegierten Stähle

Hochlegierte Stähle werden durch ein X gekennzeichnet. Außer C (Angabe mit Faktor 100) werden alle Legierungsbestandteile in vollen Prozenten angegeben (oder Bezeichnung mit Werkstoffnummern gemäß Abschnitt 4.3). Beispiele:

X 12 CrNi 18 8   G-X 40 CrSi 17   X 8 CrMnNi 18 8
X 8 Cr 17   G-X 15 CrNiSi 25 20   X 15 CrNiMn 12 10

Zunderbeständige ferritische Stähle

Chromstähle mit 13, 17 und 24 % Cr, für Ofenteile, Auslaßventile von Brennkraftmaschinen usw., aber auch für rostbeständige Behälter in Haushalts-Waschmaschinen.

Härtbare Messerstähle

Chromstähle mit höherem C-Gehalt sind nicht mehr umwandlungsfrei und daher härtbar. Die Korrosionsbeständigkeit ist allerdings schlechter als bei austenitischen Stählen, weil dort homogene γ-Mischkristalle vorliegen, während der Chromstahl bei 0,4 % C zahlreiche ausgeschiedene Fe-Cr-Mischkarbide enthält.

Korrosionsbeständige austenitische Stähle

Bekannte Stähle dieses Typs: 18/8- oder 25/20-Chromnickelstahl, Hartmanganstahl mit 13 % Mn und 1,3 % C (verschleißfest).
Bei der Herstellung werden die austenitischen Chromnickelstähle von 1050 °C aus abgeschreckt, um möglichst reinen Austenit zu erhalten. Bei langsamer Abkühlung Bildung von Chromkarbid auf den Korngrenzen (Versprödung, verminderte Korrosionsbeständigkeit). Die Stähle sind umwandlungsfrei austenitisch („austenitische Stähle"). Bezeichnung: X 12 CrNi 18 8 usw.

Stähle mit „einstellbarer" Wärmeausdehnung

Eisen-Nickel-Legierungen haben eine sehr unterschiedliche Wärmeausdehnung, je nach Nickelgehalt (Bild 57). Sie ist z.B. bei 36 % Ni fast Null, bei 50 % entspricht sie derjenigen von Platin. Dies gilt für Temperaturen bis etwa 100 °C.
Anwendung: Rohrleitungen zum Transport von flüssigem Sauerstoff für Raketen-Versuchsanlagen.

Schnellarbeitsstahl

Klassischer Stahl S 18-1-2-5 mit 18 % W, 1 % Mo, 2 % V, 5 % Co, 3,5 ... 4,5 % Cr und 0,75 ... 1,4 % C. Härtung von 1200 ... 1300 °C, Anlassen bei 530 ... 580 °C. Bis zu dieser Temperatur anlaßbeständig und schneidhaltig. Hohe Härtetemperatur, um Karbide zum Teil zu lösen, wodurch die Anlaßbeständigkeit des Martensits erhöht wird.
Nach dem Legierungsaufbau lassen sich die Schnellarbeitsstähle in drei Gruppen einteilen:
a) Schnellarbeitsstähle auf Wolfram-Grundlage mit 18 bzw. 12 % W.
b) Schnellarbeitsstähle auf Wolfram-Molybdän-Grundlage mit etwa 6 % W und 5 % Mo.
c) Schnellarbeitsstähle auf Molybdän-Grundlage mit etwa 9 % Mo und 2 % W.

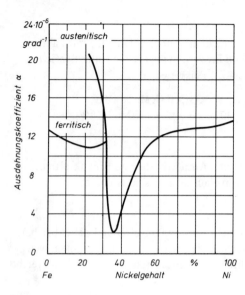

Bild 57
Ausdehnungskoeffizient
der Fe-Ni-Legierungen [30]

Die Stähle aller Gruppen enthalten 4 % Cr, 1 ... 4 % V. Sie können zusätzlich mit 2 ... 10 % Co legiert sein. Die Stähle können erschmolzen oder auf pulvermetallurgischem Wege hergestellt werden. Im ersten Fall wird zur Erzielung gerichteter Erstarrung und metallurgischer Reinigung das Elektroschlacke-Umschmelzen (ESU) eingesetzt, beim pulvermetallurgischen Verfahren das isostatische Heißpressen mit anschließender Warmverformung. Pulvermetallurgisch hergestellte Schnellarbeitsstähle weisen ein besonders feines Gefüge mit kleinen und gleichmäßig verteilten Karbiden auf.

Warmarbeitsstähle

Gute Anlaßbeständigkeit und Warmfestigkeit der hochwolframhaltigen Schnellarbeitsstähle wird auch für Warmarbeitszwecke ausgenutzt. Zur Verbesserung der Zähigkeit setzt man jedoch den C-Gehalt gegenüber den Schnellarbeitsstählen erheblich herab. Wolfram wird teilweise durch Molybdän ersetzt. Typische Vertreter dieser Gruppe sind etwa X30WCrV 5 3 und X40CrMoV 5 3. Für hohe Temperaturen werden auch austenitische Stähle des Typs X5 NiCrTi 26 15 eingesetzt.

Kaltarbeitsstähle

Bei diesen Stählen kommt es vor allem auf einen hohen Verschleißwiderstand an, der durch eine Erhöhung des Karbidgehaltes erreicht werden kann. Als Beispiel kann der hochkohlenstoffhaltige Chromstahl X 210 Cr 12 genannt werden.

5.3 Stahlguß

Stahlguß ist in Formen vergossener Stahl. Seine Kennzeichen sind hohe Festigkeit und Zähigkeit (Stoßbeanspruchung). Stahlguß kann in gleicher Weise wärmebehandelt werden wie Walzstahl. Beste mechanische Gütewerte liegen nach Normalglühung bzw. Vergütung vor.

Tabelle 20 Unlegierter Stahlguß (DIN 1681)

Typ	R_m N/mm²	A_5 %
GS 38	370	20
GS 45	440	16
GS 52	510	12
GS 60	590	8

Für höhere Temperaturen zwischen 300 °C und 540 °C wird warmfester, niedrig- oder hochlegierter Stahlguß verwendet (DIN 17 245).

Tabelle 21 Warmfester Stahlguß nach DIN 17 245

Typ	R_m N/mm²	A_5 % mindestens	a_k J/cm² mindestens	$R_{p0,2}$ N/mm² mindestens		
				300 °C	400 °C	500 °C
GS-C 25	440 ... 590	22	50	167	137	–
GS-22 Mo 4	440 ... 590	22	50	191	172	147
GS-17 CrMo 55	490 ... 640	20	50	235	206	182
GS-17 CrMoV 5 11	590 ... 780	15	50	358	329	294
G-X 22 CrMoV 12 1	690 ... 880	15	50	486	412	324
G-X 22 CrMoWV 12 1	690 ... 880	15	50	486	412	324

6 Gefüge, Wärmebehandlung und Eigenschaften von Gußeisen

6.1 Gußeisen mit Lamellengraphit

Gefügeausbildung von üblichem Grauguß mit Lamellengraphit siehe 3.2 und 3.3. Der Einfluß von C und Si auf das Gußeisengefüge wurde von *E. Maurer* 1924 in einem Schaubild (Bild 58) zusammengefaßt. Da das Gefüge auch von der Abkühlgeschwindigkeit (Wanddicke) abhängt, kann das Diagramm quantitativ nur begrenzt zutreffen.

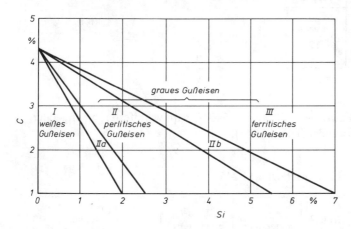

Bild 58
Maurerdiagramm [26]

Übliche Zusammensetzung und Sorten von Grauguß:

2,8 ... 4,5 % C
1,0 ... 2,8 % Si
0,5 ... 1 % Mn
0,3 ... 1,5 % P
0,06 ... 0,1 % S

Tabelle 22 Graugußsorten nach DIN 1691

Bezeichnung	Kurzzeichen
Normaler Grauguß	GG 12, GG 14, GG 18
Hochwertiger Grauguß	GG 22, GG 26
Sondergrauguß	GG 30

Sättigungsgrad

Er kennzeichnet den Einfluß der Legierungselemente auf die eutektische Konzentration.

$$S_c = \frac{C\,\%}{4{,}23 - 0{,}275\,P\,\% - 0{,}313\,Si\,\%}$$

$S_c < 1$: Untereutektisch, meist üblich
$S_c > 1$: Übereutektisch

Silizium und ähnliche die Graphitbildung fördernde Elemente vermindern die Löslichkeit des flüssigen und festen Eisens für C. Der eutektische Punkt wird nach links verschoben.

Wachsen von Grauguß

Bei hohen Temperaturen und Anwesenheit von Sauerstoff kommt es zu einer Oxydation des Eisens in der Umgebung der Graphitblätter (innere Oxydation). Folge: Volumenvergrößerung.

Bei langzeitiger Erwärmung über 200 ... 300 °C kann der Zementit des Perlits zu Graphit und Ferrit zerfallen, was ebenfalls mit einer Volumenvergrößerung verbunden ist.

Wanddickenabhängigkeit von Zugfestigkeit und Härte

Das Gefüge und damit die Festigkeitseigenschaften werden maßgeblich durch die Abkühlgeschwindigkeit und diese von der Wanddicke bestimmt. In Bild 59 wurden daher Zugfestigkeit und Härte in Abhängigkeit vom Durchmesser getrennt abgegossener Probestücke bzw. vom Modul $M = \frac{O}{V}$ (O: Oberfläche des Probestabes, V: Volumen des Probestabes), für verschiedene Gußeisensorten dargestellt.

Da die Abkühlung im Gußstück anders verläuft als in getrennt abgegossenen Probestücken, ist das Schaubild nur begrenzt anwendbar, um die Festigkeitseigenschaften als Funktion der Wanddicke vorauszusagen. Es liefert jedoch eine brauchbare Richtlinie.

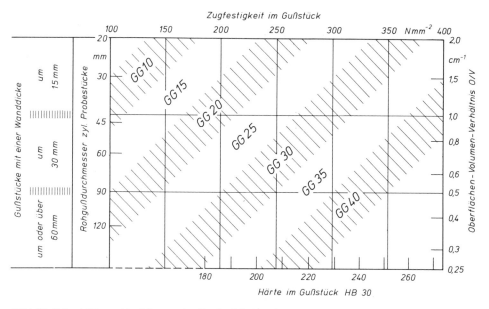

Bild 59 Schaubild zur Abschätzung der Zugfestigkeit und Härte von Gußeisen in Abhängigkeit von der Wanddicke

6.2 Temperguß (DIN 1692)

Weiß erstarrter Temperrohguß wird einer Glühbehandlung zur Umwandlung des Zementits in knotenförmigen Graphit und Ferrit unterzogen.

Weißer Temperguß GTW

Rohguß: 2,80 ... 3,40 % C
        0,40 ... 0,80 % Si
        0,20 ... 0,50 % Mn

Glühen in oxidierender Atmosphäre 60 ... 120 h bei 980 ... 1060 °C, rasche Abkühlung.
Randentkohlung über die Gasphase.
Endgefüge (Bild 60): Ferritische Randzone, anschließend Ferrit und Perlit + Temperkohle,
innen Perlit + Temperkohle.

Sorten: GTW-35, 40, 45, 55, 65 *)   *) Vergütet
        GTW-S 38 ist bis 8 mm Wanddicke ohne Nachbehandlung schweißbar.

Bild 60

Endgefüge eines weißen Temper-
gusses, geätzt mit alkoh. HNO_3

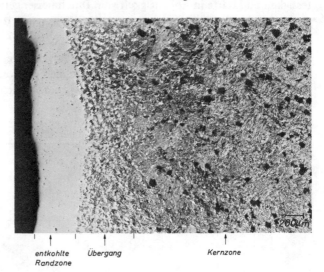

entkohlte   Übergang   Kernzone
Randzone

Schwarzer Temperguß GTS

Rohguß: 2,20 ... 2,80 % C
        1,00 ... 1,60 % Si
        0,20 ... 0,50 % Mn

Glühen in neutraler Atmosphäre:
1. *Glühstufe:* Ca. 20 h bei 950 °C (Zerfall der ledeburitischen Karbide).
2. *Glühstufe:* Ofenabkühlung mit 3 ... 5 °C/h im Bereich von 760 ... 680 °C (dadurch
                ferritisches Grundgefüge). Bei schnellerer Abkühlung enthält das Grund-
                gefüge zunehmend Perlit.
Endgefüge (Bild 61): Ferrit (+ Perlit) + Temperkohle. Keine Randentkohlung.
Sorten: GTS-35, 45, 55, 65, 70 *)   *) Vergütet

6.3 Gußeisen mit Kugelgraphit

Beispiel für Zusammensetzung: 3,7 % C
                            2,5 % Si

Beim Fehlen gewisser Störelemente (vor allem Schwefel) führt Impfen mit Mg oder Ce
zu kugelförmiger Ausbildung des Graphits bei der Erstarrung (Bilder 62, 63). Gute Verformbarkeit. Die Festigkeit wird durch den Ferrit- bzw. Perlitanteil im Grundgefüge bestimmt,
der sich durch Glühbehandlung einstellen läßt.

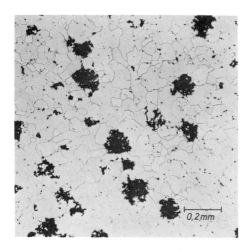

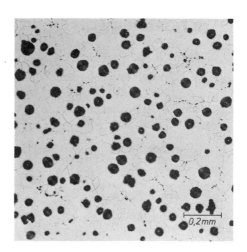

Bild 61 Endgefüge eines schwarzenTempergusses, geätzt mit alkoh. HNO₃

Bild 62 Gefüge von Gußeisen mit Kugelgraphit GGG-42 (Wärmebehandlung 3 h 920 °C Ofenabkühlung), geätzt mit alkoh. HNO₃

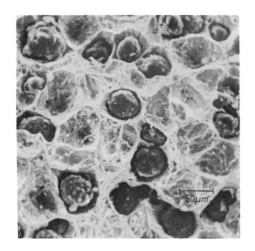

Bild 63
GGG-42 Bruchfläche (Rasterelektronen-mikroskop-Aufnahme)

Tabelle 23 Gußeisen mit Kugelgraphit nach DIN 1693

Typ	R_m N/mm²	R_e N/mm²	A_5 %
GGG 38	370	190	17
GGG 70	690	410	2

7 Herstellung von Eisen und Stahl

7.1 Erzeugung von Roheisen

Den Herstellungsgang bei der Erzeugung von Roheisen mit Hilfe des Hochofens und die Weiterverarbeitung zu Stahl zeigt die folgende Übersicht:

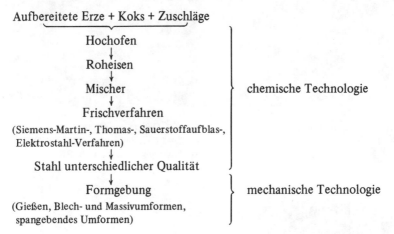

7.1.1 Eisenerz

Das Element Eisen — mit 4,2 % das zweithäufigste Metall in der Erdrinde (Aluminium: 7,5 %) — kommt in der Natur kaum gediegen vor, meist findet es sich zusammen mit Verunreinigungen wie Ton, Sand usw. (*Bergart, Gangart*) in chemischen Verbindungen. Nur in technischem Sinne auswertbare Fe-Verbindungen bezeichnet man als Eisenerze. Vorwiegend handelt es sich um die Oxide Fe_2O_3 und Fe_3O_4.
Theoretisch enthält

$$Fe_3O_4: \frac{3 \cdot 56}{3 \cdot 56 + 4 \cdot 16} \cdot 100 = 72,4 \% \text{ Fe}$$

$$Fe_2O_3: \frac{112}{112 + 48} \cdot 100 = 70 \% \text{ Fe}$$

Die wichtigsten Eisenerze sind

Magneteisenstein (Fe_3O_4). 45 ... 70 % Fe (über 60 % als reich bezeichnet).
Vorkommen: Skandinavien, Ural, USA.

Roteisenstein (Fe_2O_3). 40 ... 60 % Fe (über 50 % reich). P-armes Erz. Auch als Eisenglanz und Hämatit bekannt (Hämatit auch Name für phosphorarme Gußeisensorte).
Vorkommen: Lahn, Dill, Elba, Spanien, Nordafrika, England, Ukraine.

Brauneisenstein (z. B. $2\,Fe_2O_3 \cdot 3\,H_2O$). Eisenhydroxid, Oxid mit wechselndem Wassergehalt, meist 30 ... 45 % Fe (über 45 % reich). Auch als Raseneisenstein bekannt.
Vorkommen: Salzgitter-Peine, Lothringen (Minette), Algier und Spanien.

Spateisenstein ($FeCO_3$). Eisenkarbonat, meist 25 ... 40 % Fe (über 38 % reich).
Zur CO_2-Austreibung meist geröstet.
Vorkommen: Siegerland, Steiermark, Kärnten, Ungarn.

Aufbereitung der Erze

Trennen von Erz und Gangart. Dadurch Verminderung der zu transportierenden Massen, Entlastung des Hochofens von zur Eisenerzeugung nicht benötigten Stoffen.

a) *Naßmechanische Aufbereitung*
   Aufschlämmen des Erzes mit Wasser, so daß die spezifisch schwereren eisenhaltigen Bestandteile absinken, die leichtere Gangart aber fortgespült wird; unwirtschaftlich wegen hohen Wasserverbrauchs ($3\,m^3/t$ Erz).

b) *Magnetscheidung*
   Nach Zerkleinerung des Erzes folgt Trennung von Gangart und Fe-haltigen Bestandteilen durch Magnetabscheider.

c) *Rösten* (meist bei Spateisenstein)
   Erhitzen des Erzes durch heiße Luft; dadurch Oxydation von Spateisenstein zu Eisenoxid:

$$2\,FeCO_3 + \frac{1}{2}\,O_2 \rightleftharpoons Fe_2O_3 + 2\,CO_2$$

Stückigmachen des pulverigen Erzes

a) *Brikettieren* (Pressen zu kleinen Teilen)

b) *Sintern*
   Erhitzen des Erzes auf Temperaturen von 900 ... 1300 °C führt zu einer Agglomeration der Erzkörner in einer Bandsinter-Anlage (Bild 64).

c) *Pelletisieren* (Kugelsintern, Pellets = kugelförmige Teilchen)
   Erzstaub (Teilchengröße $\leqslant 0,2$ mm $\varnothing$) wird angefeuchtet und vorverdichtet. Die so entstandenen „Feuchtpellets" („Grünpellets", 10 ... 25 mm $\varnothing$) werden gebrannt, wobei durch das Hartwerden toniger Gangart feste Teile entstehen.

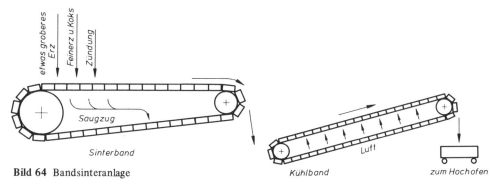

Bild 64 Bandsinteranlage

7.1.2 Koks

Das Ausgangsprodukt für Koks ist Steinkohle. Mit zunehmendem Alter der Kohle steigt ihr Kohlenstoffgehalt an, während die flüchtigen Bestandteile abnehmen (Bild 65). Die Verunreinigungen der Kohle bestehen im wesentlichen aus Wasserstoff, Sauerstoff, Stickstoff und Schwefel.

Der Zweck der Verkokung liegt darin, einen höheren Heizwert zu erzielen, indem man die flüchtigen Bestandteile der Kohle vergast und dadurch ihren C-Gehalt erhöht. Die Verkokung erfolgt unter Luftabschluß bei hohen Temperaturen:

100 °C	Wasser verdampft	
100 ... 350 °C	Kohlendioxid, Methan, Stickstoff entweichen	Vorentgasung
350 ... 550 °C	Kohle erweicht unter lebhafter Entwicklung gas- und dampfförmiger Zersetzungsprodukte	Hauptentgasung

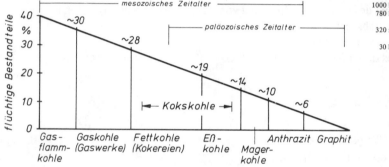

1000 kg gute *Kokskohle* liefern:
780 kg *Koks*
      (Heizwert: 28 000...30 500 $\frac{kJ}{kg}$)
320 m³ *Kokereigas*
      (Heizwert: 16 700 $\frac{kJ}{m^3}$)
30 kg *Teer*

Bild 65 Kohlearten

Tabelle 24 Eigenschaften von Hochofenkoks [2]

Hochofenkoks	I	II	III
Korngröße	80 mm	60 mm	40 mm
Trommelfestigkeit [1]) nach DIN 51 717	M_{40}	M_{40}	M_{40}
Abrieb [2]) nach DIN 51 717	M_{10}	M_{10}	M_{10}
Wassergehalt $\leqslant$	3 %	4,5 %	5 %
Aschengehalt $\leqslant$	9,8 %	9,8 %	9,8 %
Schwefelfreigrenze	0,9 ... 1,2 %	0,9 ... 1,2 %	0,9 ... 1,2 %
Kohlenstoffgehalt		86 ... 90 %	

[1]) Trommelfestigkeit ist der in Masse-% ausgedrückte Anteil des getrommelten (auf Prüftrommel unter definierten Bedingungen mechanisch beanspruchten) Kokses, der beim Absieben auf einem bestimmten Prüfsieb als Rückstand verbleibt. Die Trommelfestigkeit wird bei Absiebung auf einem 40 mm Rundlochsieb als M_{40} bezeichnet.

[2]) Abrieb ist der in Masse-% ausgedrückte Anteil des getrommelten Kokses, der beim Absieben durch ein Prüfsieb mit einem Lochdurchmesser von 10 mm hindurchgeht.

Bei ca. 350 °C sind alle gasförmigen und flüssigen Bestandteile wie Teer, Ammoniak,
Leuchtgas u.a. abgewandert, so daß Koks mit erhöhtem Heizwert zurückbleibt.
Der Verkokungsvorgang spielt sich in einem *Kammerofen* mit *Regenerativfeuerung* ab
(Bild 66). Luft strömt durch die von den Abgasen vorgeheizten Kammern, so daß die
Energie der Abgase sinnvoll genutzt wird. Die Eigenschaften von Hochofenkoks sind in
Tabelle 24 zusammengestellt.

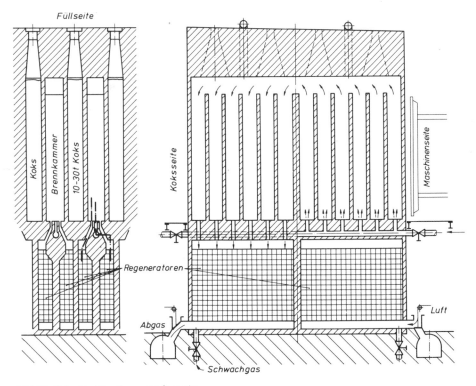

Bild 66 Schnitt eines Kammerofens [1]

7.1.3 Zuschläge

Die Zuschläge sollen die noch vorhandenen Gangarten und die Asche des Brennstoffs in
eine niedrigschmelzende, leichtflüssige Schlacke überführen.

     Erz + Zuschläge = Möller

Man braucht je nach Erzart bis zu 25 % des Erzgewichtes an Zuschlägen. In günstigen
Fällen, wenn das Erz *selbstgehend* ist, sind überhaupt keine Zuschläge erforderlich. Die
Wahl der Zuschläge richtet sich nach dem Charakter der Gangart:

    Saure Gangarten benötigen basische Zuschläge
    Basische Gangarten benötigen saure Zuschläge

Basische Gangarten: *Saure* Gangarten:
Kalk (CaO)   Quarzsand (SiO_2)
Dolomit ($CaCO_3 + MgCO_3$)   Tonschiefer ($Al_2O_3 + SiO_2$)
Flußspat (CaF_2)   Kieselsäurehaltige Mineralien (H_2SiO_3)

Bestandteile, die sich sowohl basisch als auch sauer verhalten können, nennt man *amphoter*, z.B. Tonerde (Al_2O_3).

7.1.4 Hochofen

Geschichtliche Entwicklung

Die ersten im Laufe der Jahrhunderte entwickelten Öfen zur Erschmelzung des Eisens waren die sogenannten *Rennöfen*, in denen man schmiedbare Stahlluppen herstellen konnte. Der Name dieser Öfen stammt von der aus dem Feuer „rinnenden" dünnflüssigen Schlacke (Eisen: teigig).
Eine Weiterentwicklung stellte der *Stückofen* dar, der den nötigen Blaswind durch Ausnutzung von Wasserkraft für das Betreiben von Gebläsen bekam. Ergebnis: Schmiedbare Luppen.
Im 14. Jahrh. begann man, flüssiges Roheisen in *Holzkohle-Hochöfen* herzustellen. Als in England die Holzkohle zur Neige ging, stellt man die Öfen auf Koks um.
1735: *erster Kokshochofen*

Vorteile des Kokses

Hohe Druckfestigkeit, so daß die Erzlast besser getragen werden kann, und Porosität (Luftdurchlässigkeit).
Die Erfindung der Dampfmaschine begünstigte die Verwendung von Koks, da die Bergwerke nun entwässert und damit besser ausgebeutet werden konnten. Gleichzeitig war der Bau großer Gebläse möglich geworden.
Aufbau des Hochofens siehe Bild 67.

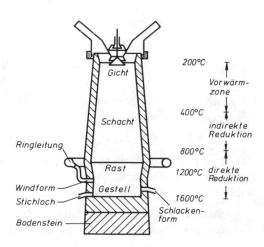

Bild 67 Hochofenaufbau (schematisch)

Abmessungen und Verbrauch

Höhe	20 ... 40 m
Gestellweite	6 ... 15 m $\varnothing$
Nutzinhalt	1300 ... 4000 m³
Kühlwasserverbrauch	900 ... 1500 m³/h = (22 bis 36) · 10³ m³/Tag
Tageserzeugung	1500 ... 10 000 t Roheisen
Schlacke	0,4 ... 0,8 t/t Roheisen

Ein großer Hochofen für 10 000 Tagestonnen (tat) Roheisen benötigt etwa 25 000 t Erz, 2500 t Kalk, 8750 t Koks, zusammen 36 250 t Rohstoffe.

Man kann den Wirkungsgrad eines Hochofens wesentlich dadurch anheben, daß man Heißluft einbläst:

Kaltluft wird durch ein Turbinengebläse auf etwa 2 bar verdichtet, in einem *Winderhitzer* (*Cowper*, Bild 68) im Regenerativverfahren bis zu 1300 °C erwärmt und dann in den Hochofen eingeblasen.

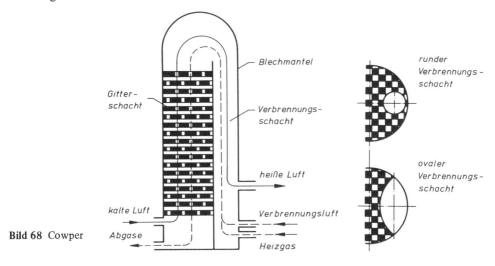

Bild 68 Cowper

Abmessungen eines Cowpers

Höhe	20 ... 40 m
Durchmesser	8 ... 10 m

Wegen des üblichen Intervallbetriebes braucht jeder Hochofen 4 ... 5 Cowper.

Je t Roheisen benötigt man ca. 4000 m³ Luft; das entspricht bei einem kleinen Hochofen mit einer Tagesproduktion von 800 t Roheisen etwa 2000 m³ Luft/min. Jede Erhöhung der Windtemperatur um etwa 100 °C bedeutet eine Koksersparnis von ca. 4 %.

Winderhitzer sind hohe, stahlummantelte Zylinder, innen mit einem feuerfesten Material ausgekleidet, die ein Gitterwerk aus feuerfesten Formsteinen (Gitterschacht) und einen Brennschacht enthalten. Während der Heizperiode wird im Brennschacht Gichtgas, evtl. durch Koksgas angereichert, verbrannt. Der heiße Gasstrom wird über die Kuppel ins Gitterwerk gelenkt, das dadurch aufgeheizt wird. Während der Windperiode wird die

Verbrennung gestoppt und Kaltwind durch das heiße Gitterwerk geleitet, der sich dabei erhitzt und über eine feuerfest ausgemauerte Windleitung sowie die Blasformen als Heißwind in den Hochofen gelangt.

Chemische Vorgänge im Hochofen

Im Hochofen werden die Erze zu Eisen reduziert.

a) *Indirekte Reduktion* = Reduktion durch *Kohlenmonoxid*

$$Fe_3O_4 + 4\,CO \rightleftharpoons 3\,Fe + 4\,CO_2 - 104 \text{ kJ/kg Fe}$$

$$FeO + CO \rightleftharpoons Fe + CO_2 - 246 \text{ kJ/kg Fe} \qquad \text{(exotherm)}$$

b) *Direkte Reduktion* = Reduktion durch *Kohlenstoff*, z.B.:

$$3\,C + Fe_2O_3 \rightleftharpoons 2\,Fe + 3\,CO + 4200 \text{ kJ/kg Fe} \qquad \text{(endotherm)}$$

Diese Reaktion erfolgt in der Rast und läuft erst oberhalb 1000 °C ab. Man bemüht sich daher, die indirekte Reduktion, die schon ab 400 °C möglich ist, zu fördern.

Oberhalb 800 °C nimmt Eisen Kohlenstoff auf. Dadurch wird der Erstarrungsbeginn von 1536 °C bei reinem Eisen auf etwa 1200 °C bei ca. 4 % C erniedrigt (Bild 69). Der nötige Kohlenstoff bietet sich dem Eisen in Form von Koks an, der somit folgende Aufgaben zu erfüllen hat:

a) Lieferung der Wärme $\Big\}$ für die Reduktion
b) Lieferung des Kohlenstoffs

c) Aufkohlung des Eisens zur Erniedrigung der Schmelztemperatur.

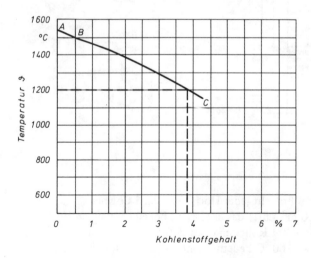

Bild 69
Erstarrungstemperatur von Eisen-Kohlenstofflegierungen (die Buchstaben A, B und C entsprechen Bild 31

Boudouard-Gleichgewicht: $2\,CO \rightleftharpoons C + CO_2$

Die Richtung, in der diese Reaktion abläuft, hängt von der Zusammensetzung der Gasatmosphäre und der herrschenden Temperatur ab.

Wie aus der Gleichgewichts-Kurve (Bild 70) ersichtlich, wird oberhalb 1 200 °C kein Kohlenmonoxid mehr zersetzt. Läßt man die Lösungsmöglichkeiten der festen Phasen unberücksichtigt, so kann man anhand der vereinfachten Darstellung der Gleichgewichtsbeziehungen (Bild 71) die Reduktionsverhältnisse erläutern [5].

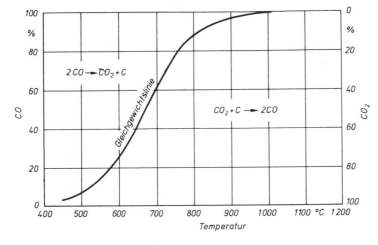

Bild 70

Gleichgewichtsschaubild
für die Umsetzung
$2\,CO \rightleftharpoons CO_2 + C$ [4]

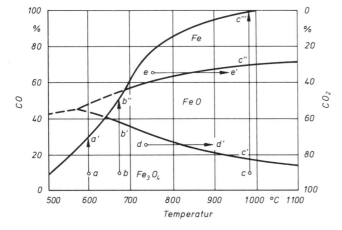

Bild 71

Baur-Glaessner-Diagramm,
abgeändert nach Baukloh [5]

Übergang a–a′: Da die Gaszusammensetzung nicht dem Gleichgewichtszustand entspricht — der CO_2-Gehalt ist zu hoch — läuft die Reaktion ab: $C + CO_2 \rightarrow 2\,CO$

Übergang b–b″: $C + CO_2 \rightarrow 2\,CO$
Bei Erreichen der Linie, welche die Existenzbereiche für Fe_3O_4 und FeO voneinander trennt, wird Fe_3O_4 zu FeO reduziert und es entsteht wieder Kohlendioxid, das — ebenfalls obiger Reaktion zufolge — zu CO umgesetzt wird.

$$Fe_3O_4 + CO \rightarrow 3\,FeO + CO_2$$

Übergang c–c''': Nacheinander laufen folgende Reaktionen ab:

$$C + CO_2 \rightarrow 2\,CO$$
$$Fe_3O_4 + CO \rightarrow 3\,FeO + CO_2$$
$$C + CO_2 \rightarrow 2\,CO$$
$$FeO + CO \rightarrow Fe + CO_2$$
$$C + CO_2 \rightarrow 2\,CO$$

In gleicher Weise kann man den Reaktionsablauf verfolgen, wenn bei konstanter Gaszusammensetzung die Temperatur erhöht wird.

Schmelzverfahren

Basisch

Die Basizität (Verhältnis von basischen zu sauren Bestandteilen) wird durch den Basengrad $(CaO + MgO)/SiO_2)$ gekennzeichnet. Ist er > 1, liegt basisches Schmelzen vor.

Sauer

Ist der Basengrad < 1, spricht man von saurem Schmelzen.
Das sauer erschmolzene Roheisen enthält 0,3 ... 0,5 % Schwefel, der mit Soda entfernt wird, z.B. $FeS + Na_2CO_3 + 2\,C \rightarrow Na_2S + Fe + 3\,CO$.
Möglichkeiten der Sodazugabe (Bild 72):
a) in der Hochofenrinne (R),
b) in der Hochofentransportpfanne (Hp),
c) in der Siphonpfanne (Sp),
d) während des Ausfüllens aus dem Mischer oder aus der Torpedopfanne.

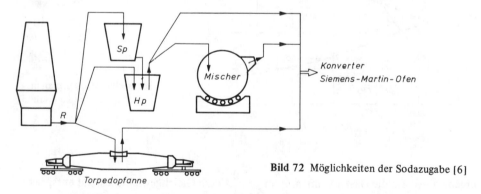

Bild 72 Möglichkeiten der Sodazugabe [6]

Hochofenbetrieb

Schichtweise werden in den Hochofen Erz und Koks samt den Zuschlägen eingefahren. Man nennt die Rohstoffeinbringung „Beschickung“.
Während des Schmelzvorganges sammelt sich das flüssige Roheisen im unteren Teil des Gestells, die spezifisch leichtere Schlacke schwimmt darüber. Alle 2 ... 3 Stunden erfolgt ein

Abstich, der etwa 15 ... 20 Minuten dauert. Dazu wird das Stichloch mit einer Sauerstofflanze oder mit Preßluftwerkzeugen geöffnet. Durch die Sauerstofflanze werden so hohe Temperaturen erzeugt, daß der keramische Stopfen schmilzt. Nach dem Abstich setzt die Stichlochstopfmaschine einen neuen Pfropfen ein.

Nach 5 ... 6 Jahren sind die Hochöfen reparaturbedürftig, so daß sie „ausgeblasen" und überholt werden müssen.

7.1.5 Erzeugnisse des Hochofens

Roheisen

Weißes Roheisen: Das Eisen enthält viel Mangan und wenig Silizium. Der Kohlenstoff liegt daher teils gelöst, teils in Form von Fe_3C (Zementit) vor, und die Bruchfläche des Roheisens sieht weiß aus.

Graues Roheisen: Der Siliziumgehalt ist relativ hoch, der Mangangehalt niedrig. Der Kohlenstoff liegt daher zum großen Teil in Form von Graphit vor, und die Bruchflächen des Roheisens zeigen ein graues Aussehen.

Die Zusammensetzung einiger Roheisensorten ist in Tabelle 25 wiedergegeben.

Tabelle 25 Massengehalt einiger Roheisensorten in %

Roheisensorte	C	Si	Mn	P	S
Hämatit	3,5 ... 4,2	2,0 ... 2,5	0,7 ... 1,5	< 0,1	0,02 ... 0,04
Gießereiroheisen, grau	3,5 ... 4,2	2,0 ... 2,5	0,5 ... 1,0	0,5 ... 0,8	0,02 ... 0,04
Gießereiroheisen, weiß	3,2 ... 3,7	0,3 ... 0,5	0,5 ... 1,5	1,8 ... 2,2	0,05 ... 0,12
Stahleisen[1]	3,0 ... 4,0	0,3 ... 1,0	2,0 ... 6,0	0,1	bis 0,04

[1] „Stahleisen" wird zu Stahl weiterverarbeitet.

Beimengungen des Roheisens

Silizium, Mangan und *Phosphor* – in Form von Oxiden im Erz vorhanden – werden direkt reduziert, z.B. in folgenden Formen:

$$MnO + C \rightarrow Mn + CO$$
$$SiO_2 + 2C \rightarrow Si + 2CO$$
$$P_2O_5 + 5C \rightarrow 2P + 5CO$$

P_2O_5 wird vollständig reduziert, MnO in großen Mengen und SiO_2 nur, wenn hohe Temperaturen vorliegen und Eisen (zur Lösung) in der Nähe ist. Alle drei Elemente lösen sich in reiner Form im Eisen. Der Siliziumgehalt und damit die Art der Erstarrung (grau oder weiß) hängen somit von der Temperatur im unteren Teil der Rast ab.

Man erhält:

bei höheren Temperaturen in der Rast: Si-reiches graues Roheisen
(Gießerei-Roheisen),

bei geringeren Temperaturen in der Rast: Si-armes weißes Roheisen
(Roheisen für die Stahlherstellung).

Außer Mn, Si und P findet man *Schwefel* (aus dem Koks) im Roheisen. Bei saurer Schlacke geht der Schwefel vollständig in das Roheisen über und versprödet es. Nur bei basischer Schlacke kann er abgebunden werden, z.B.:

$$FeS + CaO + C \rightarrow CaS + Fe + CO$$

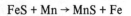

aus dem Koks   Schlacke

Nach dem Verlassen des Hochofens gelangt das flüssige Roheisen in den *Mischer* (Bild 73), der die Aufgabe hat, als Sammelbehälter zu dienen (800 ... 1000 t Fassungsvermögen) und gleichmäßig zusammengesetztes Eisen für das Stahlwerk zu liefern. Zugleich findet im Mischer eine Entschwefelung statt:

$$FeS + Mn \rightarrow MnS + Fe$$

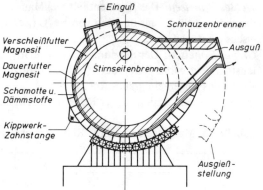

Bild 73
Roheisenmischer

Schlacke

Je t Roheisen produziert der Hochofen etwa 0,4 ... 0,8 t Schlacke. Sie wird in Kübelwagen geleitet oder granuliert (durch kaltesWasser in feinkörnigen Sand vewandelt).
Verwendungszwecke für
saure Schlacke: Wegebaustoffe,
basische Schlacke: Sand für Mörtelherstellung, Zement.
Basische Schlacke zerfällt nach gewisser Zeit zu Schlackenmehl, ist deshalb nicht im Straßenbau zu verwenden.
Schlackenwolle für Isolierzwecke kann aus beiden Schlackenarten hergestellt werden. In Deutschland wird die gesamte Schlacke verwertet.

Gichtgas

Zusammensetzung

8 ... 10 % CO_2 — Der Heizwert der in großen Mengen anfallenden Gichtgase ist gering:

25 ... 30 % CO — 3750 ... 4200 kJ/m³ [1])

1 ... 4 % H_2 — Verwendet für:

55 ... 60 % N_2 — Winderhitzer, Sinteranlagen, Wärm- und Schmelzöfen, Kokerei (Brennkammern), Kraftanlagen des Hüttenwerks.

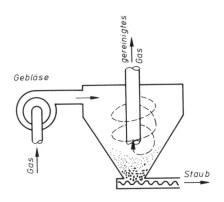

Bild 74 Staubsammler

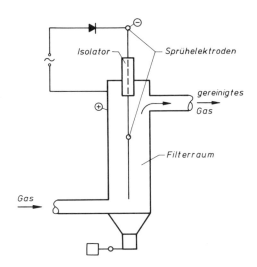

Bild 75 Elektrostatischer Gasreiniger

Das Gichtgas enthält beim Verlassen des Ofens etwa 10 ... 30 g/m^3 [1]) Staub. Das entspricht innerhalb von 24 Stunden 30 ... 90 t für einen mittelgroßen Hochofen. Für das Reinigen des Gases gibt es drei Verfahren:

Trockenreinigung (Bild 74): Dabei verringert sich der Staubgehalt auf 3 ... 6 g/m^3 [1]).

Naßreinigung: Staubgehalt: 0,01 ... 0,04 g/m^3 [1]).

Elektrostatische Gasreinigung (Bild 75): Durch negative Aufladung des Staubes kann dessen Menge bis auf etwa 0,02 g/m^3 [1]) abfiltriert werden. Bei Verwendung von Gichtgas in Gasmaschinen ist dieser Reinheitsgrad erforderlich.

7.1.6 Entwicklungstendenzen im Hochofenbau

Die Entwicklung zu erhöhter Wirtschaftlichkeit im Hochofenbetrieb verläuft etwa in folgende Richtung:
1. größere Öfen,
2. Hochdruckverfahren,
3. Zusatz von Hilfsbrennstoffen,
4. Heißwind bis 1400 °C,
5. Kontinuierlicher Hochofenprozeß.

Bezüglich der *Ofengröße* ist man mit 15 m Gestellweite wahrscheinlich an der Grenze des wirtschaftlich Sinnvollen angelangt.

Das *Hochdruckverfahren* bringt eine Steigerung der Wirtschaftlichkeit bis zu 15 %. Es handelt sich dabei um eine Drosselung des Gichtgasabganges, wodurch im Innern des Hochofens ein höherer Druck von z.B. 1,5 bar und eine geringere Gasgeschwindigkeit erzielt wird. Man braucht bei diesem Verfahren weniger Koks und erhält ein Gichtgas, das fast staubfrei ist.

---

[1]) bezogen auf den Normzustand nach DIN 1343 ($T_n = 0$ °C, $p_n = 1,0133$ bar)

Durch Zusatz von *Hilfsbrennstoffen* (Oel, Gas) wird der Verbrennungsvorgang vor den Wind-Formen beschleunigt und die Hochofenleistung gesteigert.
Minderung des Koksverbrauches durch *Heißwind*:

Windtemperatur	Koksverbrauch
850 °C	640 kg/t RE, RE = Roheisen
1250 °C	560 kg/t RE
1250 °C	500 kg/t RE + 40 kg Öl/t RE

Die *kontinuierliche Roheisenerzeugung* wird angestrebt, ist bisher jedoch in der Produktion noch nicht verwirklicht worden.

7.1.7 Andere Verfahren zur Erzreduktion und Herstellung von Roheisen

Der Hochofen steht hinsichtlich der Erzreduktion bei weitem an erster Stelle. Unter den hierfür in Betracht kommenden sonstigen Verfahren wie Elektroofen, Krupp-Rennverfahren sowie Gasreduktionsverfahren hat das letztgenannte zunehmend an Bedeutung gewonnen.

Elektroofen

Niederschachtofen: Scheitert vorläufig an zu hohen Energiekosten. Die Situation kann sich ändern, wenn dem Hüttenwerk billige Kernenergie zur Verfügung steht.

Krupp-Rennverfahren

1930 wurden in den Krupp-Gruson-Werken Drehrohröfen von etwa 5 m $\varnothing$ und ca. 100 m Länge eingeführt. Diese Öfen werden von unten im Gegenstrom beheizt und produzieren ein stahlähnliches Material, das im Verhüttungsofen weiterverarbeitet werden muß.

Gasreduktionsverfahren („Direktreduktion")

Die Reduktion der Stückerze oder Agglomerate (Pellets) erfolgt mit Hilfe von Spaltgasen (z.B. Methan aus Erdgas) im *Schachtofen* nach dem Gegenstromprinzip. Ergebnis ist ein *Eisenschwamm* mit etwa 95 % Fe. Heiße Reduktionsgase (Temperatur unterhalb 1100 °C) strömen von unten nach oben, während das Erz abwärts wandert. Dabei ergibt sich eine optimale thermische und chemische Ausnutzung der Reduktionsgase.
Die Reduktionsgase werden im *Röhrenspaltofen* durch Umsatz von Erdgas mit Wasserdampf oder CO_2 unter Bildung von CO erzeugt, das für die Erzreduktion genutzt wird.
Da die Gangart weitgehend mitgeschleppt wird und sich im Eisenschwamm wiederfindet, ist ein hoher Eisengehalt der Erze von ca. 68 % erforderlich.
Typische Spaltreaktionen:

$$CH_4 + H_2O = CO + 3H_2$$
$$CH_4 + CO_2 = 2CO + 2H_2$$

Die Weiterverarbeitung des Eisenschwamms erfolgt im Lichtbogenofen, wobei die Gangart als Schlacke aufschwimmt und abgezogen werden kann. Der gewonnene Stahl wird dann im Strangguß vergossen und dem Walzwerk zugeführt.

Die Gasreduktionsverfahren stellen die wichtigste Alternative zum Hochofen dar, wobei die Kosten für Erz, Reduktionsmittel und elektrische Energie für den Einsatz maßgeblich sind. Vorteilhaft sind die geringen Investitionskosten, die das Verfahren vorzugsweise für geringere Leistungen (z.B. 0,6 Mill. jato) geeignet machen („Ministahlwerke").

Kernenergie für Prozeßwärme

Hochtemperaturreaktoren (HTR) sollen in Zukunft hohe Temperaturen von 950 ... 1000 °C liefern für

a) Erwärmung des Hochofeneinsatzes, so daß vom Koks nur noch die chemische Arbeit zu leisten ist.
b) Spaltreaktion bei Gasreduktionsverfahren zur Erzeugung der Reduktionsgase.
c) Wärmezufuhr zum Schachtofen für die Erzreduktion zu Eisenschwamm.
d) Stromerzeugung zur Versorgung der Lichtbogenöfen.

Probleme sind z.Z. die Entwicklung geeigneter Hochtemperaturreaktoren und leistungsfähiger Wärmetauscher für hohe Temperaturen aus hochwarmfesten Werkstoffen (Superlegierungen, Keramik).

7.2 Stahlherstellung

Stahl ist alles ohne Nachbehandlung schmiedbare Eisen

(Bei Schmiedetemperatur enthält unlegierter Stahl keine spröden Phasen, wie z.B. Zementit.)

Zusammensetzung
C-Gehalt: $\leqslant 2\%$, außerdem Beimengungen von Si, Mn, P und S.
Drei Stahlsorten, die allerdings besonders kohlenstoffarm sind, werden nicht ganz korrekt dennoch als Eisen bezeichnet:

Weicheisen:	0,04 % C	
Armco-Eisen:	0,015 % C	(für Versuchszwecke geeignet)
Reinst-Eisen:	0,001 % C	

Eigenschaften des Stahles
Große Zähigkeit, Festigkeit, Schmiedbarkeit, gute Verformbarkeit, hoher „Schmelzpunkt".

7.2.1 Chemische Vorgänge beim Frischen

Man kann den Kohlenstoffgehalt und die Menge der Begleitelemente des Roheisens durch verschiedene Verfahren herabsetzen. Man nennt diese Verfahren *Frischen*. Die chemischen Vorgänge sind allen Frischverfahren gemeinsam. *Nacheinander* werden die im Roheisen enthaltenen Verunreinigungen durch Eisen-Sauerstoff-Verbindungen (indirekt) oxydiert und aus dem Roheisen entfernt:

$$Si + 2\,FeO \;\rightarrow\; SiO_2 + 2\,Fe$$
$$Mn + FeO \;\rightarrow\; MnO + Fe$$
$$C + FeO \;\rightarrow\; CO + Fe$$
$$2\,P + 5\,FeO \;\rightarrow\; P_2O_5 + 5\,Fe$$

SiO_2 und MnO wandern in die Schlacke, an die auch P_2O_5 gebunden wird, CO entweicht gasförmig.

Etwa vorhandener Schwefel oxydiert, wird in geringen Mengen gasförmig an Sauerstoff (SO_2) oder in fester Form an Mangan oder Kalk gebunden.

Da der Kohlenstoff vor dem Phosphor oxydiert wird, muß der im fertigen Stahl gewünschte C-Gehalt nach dem Frischen wieder eingestellt werden (Rückkohlung). Dies geschieht durch den C-Gehalt des für die Desoxydation verwendeten Ferromangans, durch Zugabe von Kohlenstoff in Pulverform oder in Form von Kohleziegeln.

7.2.2 Frischverfahren

Man unterscheidet zwei verschiedene Arten von Frischverfahren:

Herdfrischen: Die Oxydation der Eisenbegleiter erfolgt im Flammofen, und zwar durch Schrott als Sauerstoffträger (manchmal auch Erze). Der Vorgang dauert 4 ... 8 Stunden.

Windfrischen: Zur Oxydation der Eisenbegleiter wird durch das flüssige Roheisen Luft oder Sauerstoff geleitet. Der Blasvorgang dauert nur 12 ... 18 Minuten. Dabei ist keine zusätzliche Beheizung nötig wie beim Herdfrischen, da die Verbrennungswärme ausreicht, um die Charge flüssig zu halten.

Herdfrischverfahren

Das Frischen im Puddelofen (to puddle = rühren), 1784 aufgekommen, war das erste Verfahren dieser Art. Das Roheisen wurde mit zunehmender Oxydation teigig, da die Ofentemperatur nicht die für die Stahlerzeugung notwendige Höhe erreichte. Das Ergebnis waren Stahlluppen, die durch Verschmieden (Preßschweißen) weiterverarbeitet wurden. Heute wird das Verfahren nicht mehr angewendet.

Siemens-Martin-Verfahren (nicht mehr angewendet)

Durch das *Siemens-Martin-Verfahren* (kurz: M-Verfahren) konnte man erstmals Flußstahl — im Gegensatz zu teigigem Stahl — erzeugen. Es wurde ermöglicht durch die Erfindung des Regenerativprinzips durch die Brüder Siemens. Der Franzose Pierre Martin kam auf die Idee, Roheisen und Schrott gemeinsam im Regenerativofen zu schmelzen (1864).

Aufbau des M-Ofens (Bild 76)

Länge	7 ... 15 m
Breite	3 ... 5 m
Höhe des Stichloches	20 ... 80 cm
Einsatz	50 ... 300 t

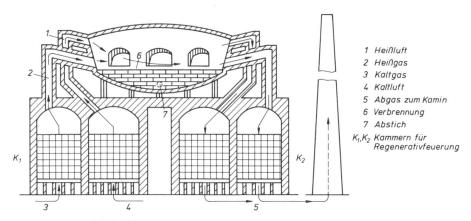

1 Heißluft
2 Heißgas
3 Kaltgas
4 Kaltluft
5 Abgas zum Kamin
6 Verbrennung
7 Abstich
K_1, K_2 Kammern für Regenerativfeuerung

Bild 76 Siemens-Martin-Ofen

Luft und Brenngas strömen getrennt durch je einen Wärmespeicher mit Gitterwerk aus feuerfesten Steinen und vereinen sich über der Charge. Die Abgase ziehen durch die beiden anderen Wärmespeicher und erhitzen deren Mauerwerk. Etwa halbstündlich wird die Strömungsrichtung von Gas und Luft umgesteuert. Auf diese Weise können beide auf 1100 ... 1300 °C vorgewärmt und durch die Verbrennung im Ofen Temperaturen von 1700 ... 1750 °C erzielt werden.

Die Kontrolle des Prozesses erfolgt durch Analysen von Schöpfproben. Die Stickstoffaufnahme ist mit 0,003 ... 0,01 % gering.

Die Ausmauerung des M-Ofens ist meist basisch (Kalk), um den Phosphor entfernen zu können.

Variationen des Siemens-Martin-Verfahrens

Schrott-Verfahren: Die Beschickung besteht zu 20 ... 35 % aus Roheisen und zu 65 ... 80 % aus Schrott. Dabei wird zunächst das Roheisen eingeschmolzen, dann der Schrott. Der Ofen hält ohne Überholung 300 ... 400 Chargen aus.

Roheisen-Erz-Verfahren: Man beschickt den Ofen mit Roheisen und etwa 18 ... 30 % Eisenerz als Sauerstoffträger zur Beschleunigung der Oxydation. Die Haltbarkeit des Ofens liegt bei 700 ... 1000 Chargen.

Anwendung von Sauerstoff: Heute erfolgt z.T. eine Anreicherung der Verbrennungsluft mit Sauerstoff. Sie erhöht die Ofenleistung und senkt den Brennstoffverbrauch. Außerdem werden Abgasmenge und Stickstoffaufnahme der Schmelze herabgesetzt. Auch ein zusätzliches Einblasen von Sauerstoff mit Hilfe von Lanzen zur Erhöhung der Schmelzleistung ist möglich.

Windfrischverfahren

Der Engländer *Bessemer* entwickelte 1855 ein Verfahren, bei dem durch Blasen mit Luft in einem Konverter Stahl erzeugt wird.

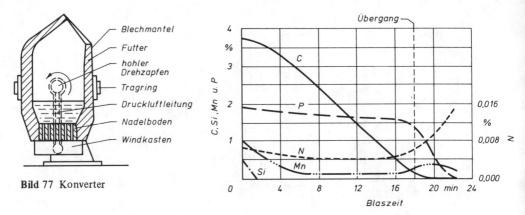

Bild 77 Konverter

Bild 78 Frischverlauf im Thomas-Konverter beim
Blasen mit Luft [7]

Das *Thomas-Verfahren* läuft ähnlich ab. Bei beiden muß das Roheisen in flüssiger Form
vorliegen, d.h. direkt aus dem Hochofen bzw. aus dem Mischer kommen oder in Isola-
tionsgefäßen warmgehalten werden. Beide Verfahren spielen sich in einer „Birne", auch
„Konverter" genannt (Bild 77) ab, einem geschweißten Stahlbehälter mit einer Wanddicke
von 25 ... 30 mm. Der Konverter ist um Drehzapfen schwenkbar.

Unterschied zwischen Bessemer- und Thomas-Verfahren:

Auskleidung:

Bessemer — sauer

Thomas — basisch

Die Reihenfolge der Verbrennung ist beim Windfrischen dieselbe wie beim Herdfrischen.
Die Reaktionswärme aus dieser Verbrennung genügt beim Windfrischen, um die Schmelze
auch bei abnehmendem C-Gehalt flüssig zu halten.

Thomas-Verfahren (nicht mehr angewendet)

Das Thomas-Verfahren ist gekennzeichnet durch das basische Futter. 1878 gelang es
Thomas und Gilchrist, ein solches Futter mit ausreichender Feuerfestigkeit zu finden:
gebrannten Dolomit, der gemahlen, mit Teer versetzt und unter hohem Druck zu Steinen
verarbeitet wird. Bei der Beschickung wird 12 ... 18 % Kalk (zur Bindung von Phosphorpentoxid) zugegeben. Diese Methode, heute vom Sauerstoff-Aufblasverfahren abgelöst,
war für die Verarbeitung von P-reichem Roheisen geeignet. Das Blasen mit Luft führte
zu einem verhältnismäßig hohen Stickstoffgehalt im Stahl und damit zu Alterungsempfind-
lichkeit. Reiner Sauerstoff anstelle von Luft — dadurch hätte sich der N-Gehalt herabsetzen
lassen — würde den Nadelboden zerstören.

Der zeitliche Ablauf der Verbrennung der Eisenbegleiter geht aus Bild 78 hervor.

Sauerstoff-Aufblas-Verfahren (LD-Verfahren)

Dieses Verfahren wurde von der Firma VOEST in Linz entwickelt, gemeinsam mit der
Österreichischen Alpine Montangesellschaft in Donawitz (bereits Bessemer hatte ein ähn-
liches Verfahren vorgeschlagen).

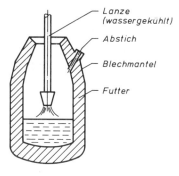

Bild 79 LD-Konverter

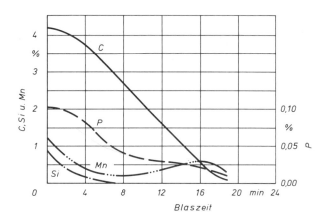

Bild 80 Frischverlauf im LD-Konverter beim Aufblasen von reinem Sauerstoff mit Schrottkühlung [7]

Man verwendet eine wassergekühlte Lanze mit einem Kupfermundstück, um Sauerstoff von oben auf die Schmelze zu blasen (Bild 79). Ausgangsmaterial ist phosphorarmes Erz (in Österreich reichlich vorhanden).

Die Blaszeit beträgt 16 Minuten (vgl. Bild 80). Man kann hierbei den Stickstoffgehalt klein halten (abhängig von O_2-Reinheit), so daß ein dem M-Stahl gleichwertiges Produkt entsteht. Auch in Deutschland ging man rasch dazu über, die Thomas-Konverter durch LD-Konverter zu ersetzen. Allerdings mußte das Verfahren zur Verarbeitung phosphorreicher Erze etwas modifiziert werden:

LD-AC-Verfahren (AC: ARBED CNRM)

Sauerstoff und Kalk werden gleichzeitig eingeblasen, so daß eine frühzeitige Schlackenbildung zur rechtzeitigen Entphosphorung erfolgt. Der Schmelzverlauf ist durch zwei Perioden gekennzeichnet:
Erster Abschnitt: P wird auf 0,2 % und C auf 0,7 % erniedrigt. Die Schlacke mit hohem P_2O_5-Gehalt wird abezogen (Düngemittel);
zweiter Abschnitt: Kühlmittelzugabe (Schrott oder Erz, sonst zu hohe Temperaturen). Weitere Herabsetzung von P und S auf das gewünschte Maß.

Bodenblasender Konverter nach dem OBM-Prinzip

Beim bodenblasenden Sauerstoffkonverter (OBM = Oxygen-Boden-Metallurgie) läßt sich eine Zerstörung der Bodendüsen dadurch verhindern, daß der Sauerstoffstrahl von einem kohlenwasserstoffhaltigen Schutzmedium umgeben wird. Üblicherweise leitet man den Sauerstoff durch Düsen aus zwei konzentrischen Rohren ein. Dabei strömt durch das Innenrohr der Sauerstoff und durch den umgebenden Ringspalt z.B. Propan oder Erdgas. Vorteile des Verfahrens sind vor allem in der raschen Schrottauflösung und der sicheren Kontrolle des Frischablaufes zu sehen.

Elektrostahl-Verfahren (Bild 81)

Lichtbogenöfen dienen zur Erzeugung unlegierter und vor allem legierter Stähle. Groß-
raumlichtbogenöfen bis zu 250 t Fassungsvermögen können an die Stelle von Siemens-
Martin-Öfen treten. Bei günstiger Entwicklung der Energiekosten kann sich diese Tendenz
in Zukunft verstärken.

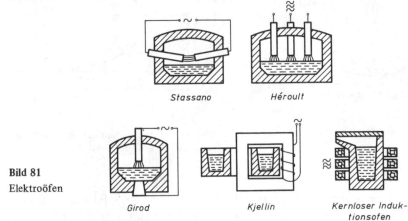

Bild 81
Elektroöfen

Hauptvorteil des Elektroofens ist seine gute Regelbarkeit, die es gestattet, die Legierungs-
metalle bestmöglichst auszunutzen und die gewünschte Stahlzusammensetzung exakt ein-
zustellen.

1. *Indirekte Lichtbogenöfen (Stassano)*
   Der Wärmeübergang erfolgt durch Strahlung. Üblich sind kleinere Öfen mit 1 ... 5 t
   Fassungsvermögen.
2. *Direkte Lichtbogenöfen (Heroult, Girod)*
   Der Wärmeübergang erfolgt im Stromdurchgang, die im Lichtbogen in Wärme umge-
   wandelte elektrische Energie wird auf das Stahlbad und die Schlacke durch Strahlung
   und Leitung übertragen. Das Fassungsvermögen kann 120 t und mehr betragen.
3. *Induktionsöfen (dünnwandiger Stahl- oder Keramiktiegel)*
   Der Tiegel ist von einer Induktionsspule aus wassergekühltem Kupferrohr umgeben.
   Die durch diese fließenden Mittel- oder Hochfrequenz-Wechselströme induzieren in
   der Schmelze Wirbelströme, wodurch das als Widerstand wirkende Schmelzgut erwärmt wird.
   Niederfrequenzöfen 3 ... 25 Hz
   Hochfrequenzöfen   bis zu 500 Hz

Zweischlackenverfahren im Elektroofen

Oxydationsperiode: Der für die Oxydation notwendige Sauerstoff stammt aus dem ein-
gefüllten Schrott. Mit Hilfe eines Stahlrohres kann zusätzlich Sauerstoff über die Schmelze
geleitet werden. Dabei oxydieren P und C. Das Phosphorpentoxid wandert in die Schlacke,
färbt sie schwarz (*schwarze Schlacke*) und wird mit ihr abgeführt.

Legierungsperiode: Man setzt Ferrolegierungen (Nickeleisen, Chromeisen usw.) ein, die leicht oxydierbar sind. Daher muß eine reduzierende Schlacke (Kalk, Flußspat) vorhanden sein. Mit CaC_2 wird der Stahl entschwefelt:

$$CaO + 3\,C \rightarrow CaC_2 + CO \text{ (exotherm)}$$
$$CaC_2 + FeS + 2\,FeO \rightarrow CaS + 2\,CO + 3\,Fe$$

CaS wandert in die Schlacke und färbt sie weiß (*weiße Schlacke*).
Dieses Zweischlacken-Verfahren dauert bei flüssigem Einsatz 3 ... 4 Stunden, bei festem Einsatz etwa doppelt so lange.

AOD-Verfahren

Bei der Herstellung hochlegierter, hochchromhaltiger Stähle kann die Einstellung sehr niedriger Gehalte an C, S und O_2 dadurch erreicht werden, daß der zunächst im Elektroofen niedergeschmolzene Einsatz im Argon-Sauerstoff-Strom entkohlt und nach Abschalten des Sauerstoffs unter Zugabe von CaO und Si entschwefelt und desoxydiert wird. Infolge des dadurch erzielten hohen Reinheitsgrades ergibt sich eine gute Kaltverformbarkeit der Stähle bei niedrigem Verhältnis von Streckgrenze zu Festigkeit. Zum Legieren lassen sich billige, hoch C-haltige Ferrolegierungen einsetzen. AOD = Argon-Sauerstoff-Dekarburierung.

7.2.3 Vergießen von Stahl

Blockguß

Unberuhigtes Vergießen

Flüssiger Stahl kann größere Mengen an Sauerstoff lösen. Sinkt die Temperatur der Schmelze nach dem Vergießen in die Kokille (Bild 82), so nimmt ihre Löslichkeit für Sauerstoff ab. C und FeO reagieren unter Bildung von CO gemäß

$$C + FeO \rightarrow CO + Fe$$

Das nach oben entweichende Gas bringt das Bad zum „Kochen".

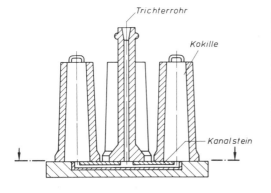
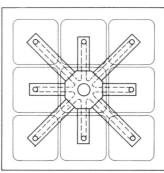

Bild 82
Gespannguß

Der Erstarrungsvorgang beginnt außen, wo sich Dendriten bilden und ins Innere der Kokille hineinwachsen. Die Verunreinigungen reichern sich an der Erstarrungsfront an, werden durch das „Kochen" des Bades nach innen und oben gedrängt, erniedrigen den Erstarrungsbeginn und konzentrieren sich daher im Innern und bevorzugt im Kopf des Blockes. Diese Entmischung über den Blockquerschnitt nennt man *Blockseigerung*. Im Kern sind Phosphor und Schwefel angereichert, während der Randbereich weniger Verunreinigungen enthält als der Pauschalzusammensetzung des Stahles entspricht. Am Kopf des Blockes bildet sich ein Erstarrungslunker (Kopflunker).

Beim Auswalzen des Blockes bleibt die Seigerung im Innern erhalten (Bild 83). Die reine, saubere Außenschicht nennt man *Speckschicht*.

Ein Teil der freiwerdenden Gase sammelt sich in Randblasen zwischen den Dendriten. Bei sinkender Temperatur wird verunreinigte flüssige Schmelze in die Gasräume hineingesaugt (*Gasblasenseigerung*).

Beruhigtes Vergießen

Um das „Kochen" und damit die Entstehung von Seigerungen zu vermeiden, muß der freiwerdende Sauerstoff zu einer festen Verbindung abgebunden werden. Als Desoxydationsmittel verwendet man Si und Mn bzw. das besonders stark desoxydierende Al. Da keine gasförmigen Reaktionsprodukte entstehen, erstarrt das Bad ruhig, d.h. ohne Kochen. Man spricht infolgedessen von beruhigtem Vergießen. Die Verunreinigungen sind in diesem Falle ziemlich gleichmäßig über den Querschnitt verteilt, und man findet weder Block- noch Gasblasenseigerungen.

Allerdings ist der Kopflunker bei beruhigt vergossenem Stahl wesentlich tiefer (Beeinträchtigung der Wirtschaftlichkeit, da beim Auswalzen ein „gedoppelter" Stahl entsteht, falls man den Kopf nicht tief genug abschneidet).

Wird zusätzlich Al zur Desoxydation verwendet, so bindet dieses Element nicht nur Sauerstoff, sondern auch Stickstoff ab, so daß alterungsbeständiger Stahl entsteht. Al_2O_3 und AlN bilden ferner Keime, welche die Ausbildung eines feinen Korns bewirken (gute Zähigkeit bei erhöhter Festigkeit).

Oberhalb 0,25 % C und bei Anwesenheit bestimmter Legierungselemente kann der Stahl nicht unberuhigt vergossen werden, weil Randblasen auftreten. FeS und FeO machen den Stahl rotbrüchig und warmrißanfällig, da der Schmelzpunkt der zuletzt erstarrenden hiermit verunreinigten Schmelze auf weniger als 1000 °C sinkt, was für eine Warmverformung bereits zu tief liegt.

Ist die Vergießungsart nicht bekannt, kann man auf folgende Weise nachträglich feststellen, ob es sich um einen unberuhigten (U) oder beruhigten (R) bzw. stark beruhigten (RR) Stahl handelt:

	nur Mn	→ U
Analyse:	Mn + Si (> 0,15 %)	→ R
	Mn + Al (> 0,02 %)	→ R
	Mn + Si + Al (> 0,02 %)	→ RR

Baumann-Abdruck zur Sichtbarmachung von Seigerungen

Ein Photopapier wird in 5 % H_2SO_4 getaucht und mit der Bildschicht (Silberbromid) auf die feingeschliffene Oberfläche des zu prüfenden Stahles aufgebracht. Liegt beispielsweise geseigerter Schwefel an Mangan gebunden vor, so spielen sich folgende chemische Vorgänge ab:

$$MnS + H_2SO_4 \rightarrow H_2S + MnSO_4$$
$$2\,AgBr + H_2S \rightarrow Ag_2S + 2\,HBr$$

Bromwasserstoff entweicht, und die geseigerten Stellen werden auf dem Photopapier durch Braunfärbung (Ag_2S) sichtbar (Bild 83).

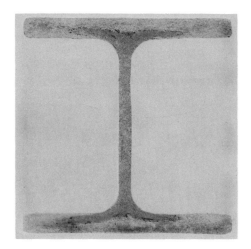 

Bild 83 Baumannabdrucke von Profilen aus unberuhigt vergossenem Stahl

Strangguß

Seit 1952 wird Stahl auch im Stranggußverfahren vergossen (Bild 84).
Das flüssige Metall erstarrt in festen, beidseitig offenen Kokillen mit Wasserkühlung. Voll- und Hohlquerschnitte sind möglich. Die Stranglänge ist grundsätzlich nicht begrenzt und entspricht dem Pfanneninhalt. Folgende Verfahren werden verwendet (Bild 85):

Vertikal-Stranggießen (V),
Biege-Richt-Stranggießen (BR),
Bogen-Stranggießen (B),
Horizontal-Stranggießen (nur bei Grauguß angewendet).

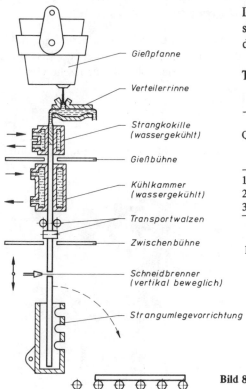

Gießpfanne

Verteilerrinne

Strangkokille
(wassergekühlt)

Gießbühne

Kühlkammer
(wassergekühlt)

Transportwalzen

Zwischenbühne

Schneidbrenner
(vertikal beweglich)

Strangumlegevorrichtung

Rollgang

Bild 84 Vertikal-Stranggußanlage

Das Verfahren und die Querschnittsgröße
sind maßgebend für die gesamte Bauhöhe
der Fertigungseinrichtung, vgl. Tabelle 26 [11].

Tabelle 26 Bauhöhen der verschiedenen
Stranggießanlagen

Querschnitt mm^2	Länge der Erstarrungs- höhe m	Bauhöhe m		
		V	BR	B
100 × 100	5,5	17	10	4
200 × 200	11,0	23,5	18,5	7,5
300 × 300	16,5	30	–	11

V   Vertikal-Stranggießanlage
BR Biege-Richt-Stranggießanlage
B   Bogen-Stranggießanlage

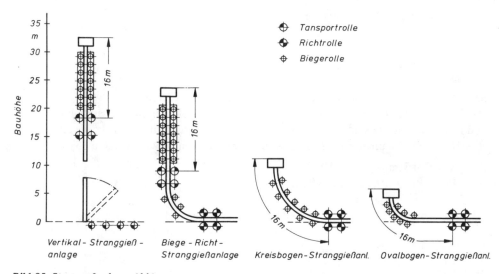

Tansportrolle

Richtrolle

Biegerolle

Vertikal - Stranggieß -
anlage

Biege - Richt -
Stranggießanlage

Kreisbogen - Stranggießanl.

Ovalbogen - Stranggießanl.

Bild 85 Stranggußanlagen [11]

Das Herstellen von Brammen im Strangguß führt zu einer Verbesserung des Gesamtausbringens gegenüber Blockguß und zu einer Einsparung von Vorwalzkosten. Vom LD-Konverter gelangt der flüssige Stahl über Verteilerrinnen in die wassergekühlte, bei Gießbeginn unten verschlossene Kokille. Während des Gießens wird der Verschluß abgesenkt, so daß der erstarrende Strang nach unten austreten kann. Er wird durch mitlaufende Schneidbrenner auf Länge getrennt. Die Gießgeschwindigkeit kann mehr als 2 m/min betragen. Während des Gießvorganges oszilliert die Kokille in Laufrichtung des Stranges, damit dieser nicht an der Kokillenoberfläche anhaftet. Die Brammenabmessungen betragen bis etwa 2500×250 mm^2 bei Längen über 2 m. Um Poren und Randblasen zu vermeiden, wird der C-Gehalt im allgemeinen auf 0,20 % begrenzt und vor dem Abgießen desoxydiert.

Vakuumguß

Zur Verringerung des Gehaltes an Wasserstoff, Sauerstoff und Stickstoff kann der flüssige Stahl vor dem Vergießen einer Vakuumbehandlung unterzogen werden. Anwendung z.B. bei der Erzeugung von Edelstählen und schweren Schmiedestücken.

Je nach Anordnung von Gießpfanne und Vakuumgefäß unterscheidet man zwischen verschiedenen Varianten des Verfahrens (Bild 86).

Pfannenentgasung: Die Gießpfanne steht im Vakuumgefäß. Der Stahl entgast infolge des niedrigen Gaspartialdruckes oberhalb der Schmelze.

Gießstrahlentgasung: Die Gießpfanne befindet sich außerhalb des Vakuumgefäßes. Im Gefäß ist eine Kokille angeordnet, in die der Stahl über eine Zwischenpfanne (Vorentgasung) vergossen wird. Durch die große Oberfläche des Gießstrahles ergibt sich eine besonders intensive Entgasung.

Abstichentgasung: Unter Verzicht auf die Pfanne wird unmittelbar aus dem Konverter vergossen, die Wärmeverluste werden dadurch verringert.

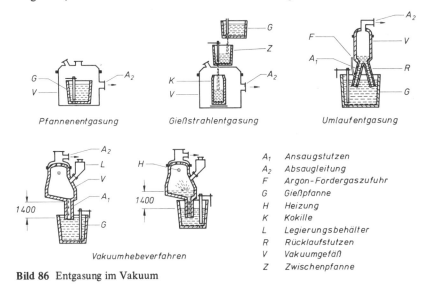

Pfannenentgasung Gießstrahlentgasung Umlaufentgasung

Vakuumhebeverfahren

A_1	Ansaugstutzen
A_2	Absaugleitung
F	Argon-Fordergaszufuhr
G	Gießpfanne
H	Heizung
K	Kokille
L	Legierungsbehälter
R	Rücklaufstutzen
V	Vakuumgefäß
Z	Zwischenpfanne

Bild 86 Entgasung im Vakuum

Umlaufentgasung: Die Gießpfanne steht außerhalb des Vakuumgefäßes. Der Stahl wird aus der Vakuumkammer abgesaugt und fließt entgast in diese zurück.

Vakuumhebeverfahren: Vorgang ähnlich wie bei Umlaufentgasung, das Rücklaufen der Schmelze entfällt jedoch.

Umschmelzverfahren

Zur Entfernung unerwünschter oder schädlicher Spurenelemente und zur Herstellung von Blöcken, die möglichst frei von Blockseigerungen, Innenfehlern und nichtmetallischen Einschlüssen sind, werden normal abgegossene Blöcke umgeschmolzen.

Elektroschlackeumschmelzen (ESU, Bild 87)

Der umzuschmelzende Block wird in Form einer Abschmelzelektrode in ein Bad flüssiger Schlacke getaucht und die zum Schmelzen erforderliche Wärme beim Durchgang des Stromes durch das als Widerstand wirkende Schlackenbad erzeugt. Der flüssige Stahl tropft durch die heiße, reaktionsfähige Schlacke und erstarrt anschließend rasch in einer wassergekühlten Kokille. Durch geeignete Schlackenzusammensetzung kann eine bedeutende Verringerung der Schwefel- und Sauerstoffgehalte des Stahles sowie nichtmetallischer Einschlüsse erzielt werden.

Die umgeschmolzenen Stähle zeichnen sich durch deutlich verbesserte Warmverformbarkeit und durch gute Querzähigkeitswerte (Sicherheit gegen Terrassenbruch) aus, wobei sich die erzwungene gerichtete Erstarrung günstig auswirkt.

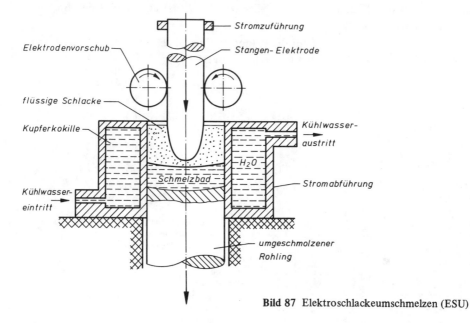

Bild 87 Elektroschlackeumschmelzen (ESU)

Umschmelzen im Vakuum-Lichtbogenofen (Bild 88)

Der Rohblock ist der negative Pol. Als positiver Pol wird eine wassergekühlte Kupferkokille größeren Durchmessers verwendet. Unter dem Einfluß des Lichtbogens schmilzt
der eingesetzte Elektrodenblock langsam ab und erstarrt rasch in der Kupferkokille, so
daß nur ein geringer Sumpf flüssigen Stahls erhalten bleibt.

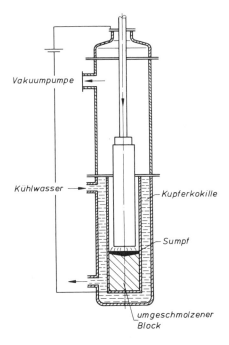

Bild 88
Vakuum-Lichtbogenofen-Umschmelzen

Plasma- und Elektronenstrahlumschmelzen

An die Stelle des Lichtbogens im Vakuumofen kann auch ein Plasma- oder Elektronen-
strahl treten. Dieses Umschmelzverfahren wird vorzugsweise für Nichteisenmetalle eingesetzt.

8 Im Maschinenbau übliche Nichteisenmetalle (NE-Metalle)

Die Gruppe der NE-Metalle wird unterteilt in Leicht- und Schwermetalle.

8.1 NE-Leichtmetalle

Aluminium

Wichtigster Leichtmetallwerkstoff ist das Aluminium mit seinen Legierungen. Seine Festigkeit läßt sich erhöhen durch Legieren, Wärmebehandeln (Aushärten) oder Kaltverfestigen. Häufig verwendete Aluminiumlegierungen sind:

AlMg 3 mit ca. 3 % Mg, nicht aushärtbar,
AlMg 5 mit ca. 5 % Mg, nicht aushärtbar,
AlMgSi 1 mit 0,6 ... 1,2 % Mg und ca. 1 % Si, aushärtbar,
AlCuMg 1 mit ca. 4 % Cu und 0,4 ... 1 % Mg, aushärtbar,
AlZn4,5Mg 1 mit ca. 4 % Zn und ca. 1 % Mg, aushärtbar.

In Tabelle 27 sind einige wichtige Aluminiumlegierungen mit ihren Eigenschaften zusammengefaßt.

Tabelle 27 Bleche und Bänder aus Aluminiumlegierungen (DIN 1745)

Kurzzeichen	W.-Nr.	Zustand	Zugfestigkeit R_m Nmm^{-2})	0,2-Dehngrenze $R_{p0,2}$ (Nmm^{-2})	Bruchdehnung A_5 (%)
AlMg 3 w	3.3535.10	weich	180	80	17
AlMg 3 F20	3.3535.07	verfestigt	200	120	10
AlMg 3 F26	3.3535.30	hart	250	175	4
AlMg 5 F32	3.3555.30	hart	310	235	4
AlMgSi 1 F21	3.2315.51	kaltausgehärtet	210 ... 270	110	16
AlMgSi 1 F32	3.2315.72	warmausgehärtet	310	245	9
AlCuMg 1 F40	3.1325.51	kaltausgehärtet	390	265	15
AlZn4,5Mg1 F36	3.4335.71	warmausgehärtet	350	275	10

Magnesium

Magnesiumlegierungen werden vorzugsweise in Form von Gußlegierungen für Sand-, Kokillen- und Druckguß verwendet. Beispiele für derartige Gußlegierungen gibt die Tabelle 28 wieder.

Tabelle 28 Magnesiumgußlegierungen (DIN 1729)

Kurzzeichen	W.-Nr.	Gießverfahren	Zugfestigkeit R_m ($N mm^{-2}$)	0,2-Dehngrenze $R_{p0,2}$ ($N mm^{-2}$)	Bruchdehnung A_5 (%)
G-MgAl 8 Zn1	3.5812.01	Sandguß	160 ... 220	90 ... 110	2 ... 6
GK-MgAl 8 Zn1	3.5812.02	Kokillenguß	160 ... 220	90 ... 110	2 ... 6
GD-MgAl 8 Zn1	3.5812.05	Druckguß	200 ... 240	135 ... 155	1 ... 3

Titan

Wegen des besonders günstigen Verhältnisses von Festigkeit zu Masse finden Titanlegierungen vorzugsweise im Luft- und Raumfahrzeugbau Anwendung. Die gute Korrosionsbeständigkeit vor allem von Reintitan führt zum Einsatz im chemischen Apparatebau.

Tabelle 29 Titanlegierungen (DIN 17 860)

Kurzzeichen	W.-Nr.	Zugfestigkeit R_m ($N mm^{-2}$)	0,2-Dehngrenze $R_{p0,2}$ ($N mm^{-2}$)	Bruchdehnung A_5 (%)
TiAl6V4 F89	3.7165.10	890	820	6 ... 8
TiAl5Sn2 F79	3.7115.10	790	760	6 ... 8

8.2 NE-Schwermetalle

Als Konstruktionswerkstoffe für den Maschinenbau spielen die größte Rolle die Kupfer- und Nickelbasislegierungen. Hinzukommen für Hochtemperaturbeanspruchung auch Kobaltbasislegierungen und für geringer beanspruchte Massenbauteile Zinklegierungen (Druckguß).

Kupferlegierungen

Unter den Kupferlegierungen, deren Eigenschaften hier nicht im einzelnen behandelt werden sollen, spielen eine Rolle die CuZn-Legierungen (Messing, Sondermessing), CuNiZn-Legierungen (Neusilber), CuSn-Legierungen (Zinnbronze), CuNi-Legierungen, CuAl-Legierungen (Aluminiumbronze) und die aushärtbaren CuBe- und CuCr-Legierungen.

Nickellegierungen

Unter den Nickellegierungen, die sich durch hohe Korrosions- und Warmfestigkeit auszeichnen, sind zu nennen die NiCu-Legierungen (z.B. Monel), NiCr-Legierungen (Nimonic), NiCrFe-Legierungen (Inconel), NiMo- und NiCrMo-Legierungen (Hastelloy).

8.3 Hartmetalle

Als Werkstoffe für Werkzeuge finden bei höchsten Anforderungen an Schnittleistung und Standzeit Hartmetalle Anwendung. In der spanabhebenden Formgebung werden einfache sowie titancarbidhaltige Wolframcarbid-Kobalt-Legierungen eingesetzt, in der spanlosen Verformung vor allem Wolframcarbid-Kobalt-Legierungen, die zum Teil noch Tantal-carbid enthalten. Sie werden pulvermetallurgisch durch isostatisches Heißpressen in Autoklaven hergestellt. Übliche Hartmetallsorten sind in der Tabelle 30 zusammen-gestellt.

Tabelle 30   Zusammensetzung üblicher Hartmetalle

Typ	Zusammensetzung %						
	WC	Co	TiC	TaC	Mo	Ni	Cr_3C_2
WC-Co	Rest	2 ... 30					
TiC-TaC-WC-Co	Rest	5 ... 20	3 ... 60				
TiC-Mo-Ni			70 ... 75		Rest	10 ... 18	
WC-Ni	Rest					2 ... 30	
WC-Cr_3C_2-Ni	Rest					10 ... 20	2 ... 90
WC-Cr_3C_2-Co	Rest	10 ... 20					2 ... 90

9 Nichtmetallische Werkstoffe

Man unterscheidet zwischen Naturstoffen, abgewandelten Naturstoffen und synthetischen Kunststoffen.

9.1 Reine und abgewandelte Naturstoffe

Naturstoffe wie Sand, Ton oder Holz werden z.B. in der Formerei benötigt. Durch physikalische Veränderung dieser Naturstoffe erhält man neue Stoffe (Glas, Porzellan, Papier) mit vollkommen neuen Eigenschaften. Durch chemische Veränderung und Überführung in eine höhere Molekularform gelangt man zu weiteren Werkstoffen wie etwa zu Cellulose-Abkömmlingen (aus Holz, Stroh, Baumwolle) oder Proteinabkömmlingen (aus Eiweiß-stoffen).

Diamant (kristalliner Kohlenstoff) wird in Schleifscheiben und als Werkstoff für Ziehdüsen verwendet. Eine Gruppe für sich stellen die *keramischen Werkstoffe* dar. Zu ihnen gehören Ziegel (aus Lehm, Ton, tonigen Massen), feuerfeste Steine (Schamotte aus Korund und Kieselsäure und Silica aus mehr als 92 % SiO_2). Unter *oxidkeramischen Werkstoffen* versteht man Oxide von Al, Mg, Be, Zr und Th. Sie sind feuerbeständig und widerstandsfähig gegenüber Korrosion und Verschleiß. Sie lassen sich anstelle von Hartmetallen als Schneidwerkzeuge einsetzen. Für Hochtemperaturzwecke, z.B. ungekühlte Gasturbinenschaufeln mit Prozeßtemperaturen von 1 200 ... 1 400 °C wurden neue keramische Werkstoffe auf der Basis Si_3N_4 und SiC entwickelt. Zwischen Metallen und keramischen Werkstoffen sind die sogenannten *Cermets* einzuordnen, die durch eine Kombination von metallischen und keramischen Phasen gebildet werden (z.B. auf der Basis Mo-ZrO_2).

9.2 Synthetische Kunststoffe – Plaste

Unter Kunststoffen versteht man aus monomeren Verbindungen hergestellte *hochmolekulare Werkstoffe* mit mehr als 1 000 Atomen je Molekül.

Kunststoffe werden heute im weitesten Umfang im Maschinenbau (Gehäuse, Zahnräder, Gebläselaufräder, Transportketten, Transportbänder, Kupplungsteile, Behälter, Dichtungen, Schutzkappen, korrosionsbeständige Auskleidungen, Rohrleitungen, Fahrzeugaufbauten usw.), in Verpackungsindustrie, Textilindustrie, chemischer Industrie, Schiffbau usw. angewendet. Die Weltproduktion stieg von $1,5 \cdot 10^6$ t im Jahre 1950 auf über $40 \cdot 10^6$ t im Jahre 1976, Bild 89.

Nach dem Verhalten bei Erwärmung unterscheidet man zwischen *Thermoplasten* und *Duroplasten.*

Thermoplaste gehen bei Erwärmung in einen breiigen und z.T. flüssigen Zustand über. Der Vorgang ist unterhalb der Zersetzungsgrenze reversibel. Duroplaste härten nach Durchlaufen eines plastischen Bereiches irreversibel aus.

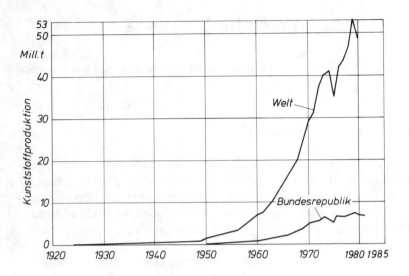

Bild 89 Kunststoffproduktion in der Welt und der Bundesrepublik

Einige typische Vertreter dieser beiden Gruppen von Kunststoffen enthält die nachfolgende Tabelle.

Thermoplaste	*Polyvinylchlorid* (PVC)	*Polystyrol* (PS)	*Polyäthylen* (PE)
Duroplaste	*Phenoplaste* (PF)	*Polyester* (UP)	*Melaminharze* (MF)

9.2.1 Kunststoffherstellung

Polymerisation

Sie führt zu Thermoplasten und besteht aus einer Verkettung gleichartiger mono-merer Grundmoleküle zu Molekülgruppen verschiedenen Aufbaus ohne Abspaltungsvor-gänge nach dem Schema

$$A + A \rightarrow B$$

Beispiele für Monomere des Typs

$$\begin{array}{cc} H & H \\ | & | \\ C & = C \\ | & | \\ H & R \end{array}$$

. Dabei steht R für einen Substituenten, der den Charakter des Monomers bestimmt.

Substituent R	H	Cl	CH_3COO	C_6H_5
Bezeichnung	Äthylen (Äthen)	Vinylchlorid	Vinylacetat	Styrol
Strukturformel	H H | | C = C | | H H	H H | | C = C | | H Cl	H H | | C = C | | H CH_3COO	H H | | C = C | | H C_6H_5

Die Polymerisation erfolgt unter Anwendung von Wärme und Druck. Reaktionsablauf am Beispiel des Polystyrols:

Startreaktion (Bild 90)

Das monomere Molekül wird angeregt zum Radikal, d.h. es wird aktiviert, z.B. durch „Aufklappen" der Doppelbindung. Der Vorgang kann durch Zugabe von „Beschleunigern" oder durch Bestrahlung mit γ-Strahlen unterstützt, durch Inhibitoren gebremst werden.

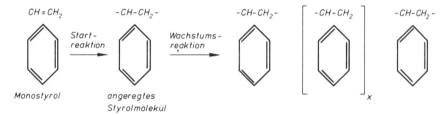

Bild 90 Start- und Wachstumsreaktion

Wachstumsreaktion

Anlagerung mehrerer Radikale unter Bildung einer Molekülkette. Es entstehen Makroradikale.

Abbruchreaktion

Das Makroradikal geht in ein Makromolekül über, z.B. durch Wanderung eines H-Atoms, durch Reaktion mit Fremdstoffen (O_2) oder durch Ringschluß.

Mischpolymerisation

Gemeinsame Polymerisation von zwei oder mehr chemisch verwandten polymerisationsfähigen Monomeren (z.B. Vinylchlorid + Vinylacetat), Bild 91. Die Eigenschaften der Mischpolymerisate können sich erheblich von denjenigen der reinen Polymeren (PVC, PVAC) unterscheiden.

Je nach Aufbau kann man zwischen
statistischen Copolymerisaten   AABABBABAAA
alternierenden Copolymerisaten   ABABABAB ...
Block- oder Segment-Copolymerisaten   AAAABBBBAAAA ...
und Pfropf-Copolymerisaten   AAAAAAAAAAAA
unterscheiden.   B   B
                                                  B   B
                                                  B   B

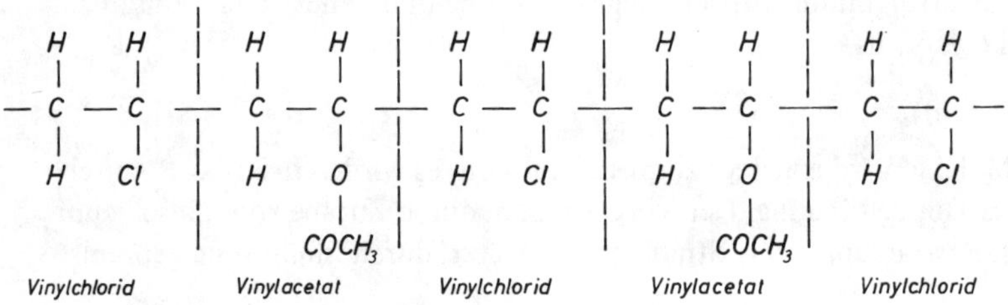

Vinylchlorid   Vinylacetat   Vinylchlorid   Vinylacetat   Vinylchlorid

Bild 91 Mischpolymerisation (Vinychlorid und Vinylacetat)

Polykondensation

Sie führt meist zu Duroplasten und besteht aus der Vereinigung zweier gleich- oder verschiedenartiger reaktionsfähiger Monomere zu Molekülgruppen unter Abspalten anderer Stoffe (meist Wasser oder Alkohol) nach dem Schema

$$A + B \xrightarrow{\quad} C \nearrow D$$

Reaktionsablauf am Beispiel der Phenoplaste (Bild 92):

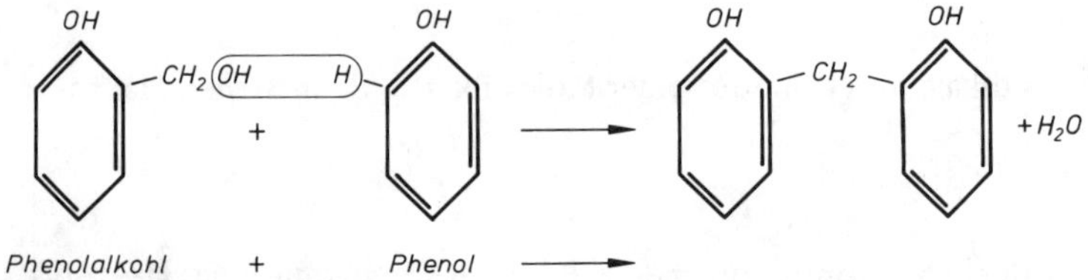

Phenolalkohl   +   Phenol

Bild 92 Kondensationsreaktion am Beispiel der Phenoplaste

Polyaddition

Sie besteht aus der Vereinigung gleich- oder verschiedenartiger Monomerer zu Molekülgruppen ohne Abspalten von anderen Stoffen. Der Vorgang ist durch eine zwischenmolekulare Umlagerung einer Komponente und Verknüpfung mit der anderen über Heteroatome (Wasserstoff) nach dem Schema

$$A + B \rightarrow C$$

gekennzeichnet.

Reaktionsablauf am Beispiel des Polyurethans (Bild 93).

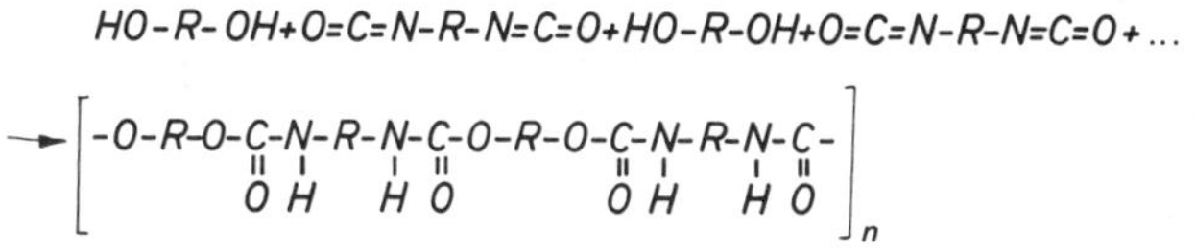

$$HO-R-OH+O=C=N-R-N=C=O+HO-R-OH+O=C=N-R-N=C=O+\ldots$$

$$\longrightarrow \left[-O-R-O-\underset{\underset{O}{\|}}{C}-\underset{\underset{H}{|}}{N}-R-\underset{\underset{H}{|}}{N}-\underset{\underset{O}{\|}}{C}-O-R-O-\underset{\underset{O}{\|}}{C}-\underset{\underset{H}{|}}{N}-R-\underset{\underset{H}{|}}{N}-\underset{\underset{O}{\|}}{C}- \right]_n$$

Bild 93 Polyaddition am Beispiel des Polyurethans

9.2.2 Der innere Aufbau der Kunststoffe

Kettenmoleküle und Vernetzung

Thermoplaste bestehen aus langen, linearen Faden- oder Kettenmolekülen (Bild 94). Grundmoleküle können aber auch an mehr als zwei Stellen aktiv sein, d.h. weitere Monomere anlagern. Sie werden als (2)-, (3)- oder polyreaktiv bezeichnet, wenn sie an zwei, drei oder mehr Stellen reagieren können. Phenol-Formaldehydharz z.B. ist (2,3)-reaktiv und kann deshalb räumlich vernetzte Strukturen bilden. Durch eine solche Vernetzung wird ein Gleiten der Makromoleküle bei Erwärmung verhindert (Duroplaste).

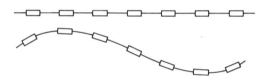

Bild 94 Lineare Faden- bzw. Kettenmoleküle

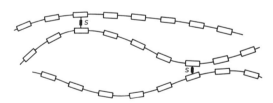

Bild 95 Vernetzung durch Schwefelatome bei Kunstkautschuk

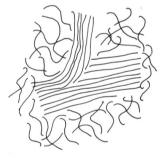

Bild 96 Teilkristalliner Aufbau von Kunststoffen

Eine Vernetzung durch Brücken, z.B. Schwefelatome (Bild 95), dient bei Kunstkautschuk zur Erhöhung der Wärmebeständigkeit.

Die Makromoleküle können weitgehend regellos angeordnet sein (amorph), sie können aber auch in Teilbereichen eine der Kristallstruktur ähnliche gesetzmäßige Anordnung aufweisen (Bild 96). Solche Kunststoffe zeigen einen teilkristallinen Aufbau.

Bindungskräfte

Hauptvalenzen oder primäre Bindekräfte: Kräfte im Molekül (Zusammenhalt eines Fadens, Vernetzung) sind energiereich. Bei einem Atomabstand von $(1 \ldots 1,5) \cdot 10^{-8}$ cm beträgt die Bindungsenergie $200 \ldots 800$ kJ/Mol.

Arten der Hauptvalenzen:

a) Heteropolare oder Ionenbindung (durch Aufnahme oder Abgabe von Elektronen zur Bildung einer stabilen Edelgas-Konfiguration).

b) Homöopolare oder Atom- oder kovalente Bindung (durch Paarbildung von Valenzelektronen, die zwei Atomen gemeinsam angehören).

Nebenvalenzen oder sekundäre Bindekräfte: Kräfte zwischen den Fadenmolekülen. Sie sind energieärmer. Bei einem Atomabstand von $(3 \ldots 4) \cdot 10^{-8}$ cm beträgt die Bindungsenergie $4 \ldots 40$ kJ/Mol. Die Nebenvalenzen nehmen bei Temperaturerhöhung weiter ab. Folge: Gleiten der Linearmoleküle bei Thermoplasten $\rightarrow$ Plastizität.

Arten der Nebenvalenzen:

a) Dipole und Multipole (Ionen oder Moleküle, in denen die Schwerpunkte positiver und negativer Ladungen nicht zusammenfallen).

b) Dispersionskräfte (durch kurzperiodische Bewegung der Elektronen in den Atomen werden dauernd wechselnde Dipole geschaffen „Austauschwirkung").

c) Wasserstoffbrücken.

Das elastoplastische Verhalten von *amorphen Thermoplasten* veranschaulicht Bild 97.

a) *Bereich FEST:* Die Festigkeit σ_B sinkt mit zunehmender Temperatur bei ansteigender Dehnung ϵ. Die Gestalt der Fadenmoleküle ist „eingefroren" (Glaszustand). Hier spangebende Formgebung (Bohren, Fräsen, Drehen, Sägen).

b) *Bereich ET:* Erweichungstemperaturbereich (bei Erwärmung). Einfriertemperaturbereich (bei Abkühlung). Die Einfriertemperatur wird auch als Glastemperatur bezeichnet. Molekülteile oder Atomgruppen beginnen zu schwingen und zu rotieren (beginnende Mikro-Brownsche Bewegung). In diesem Gebiet keine Formgebungsarbeiten.

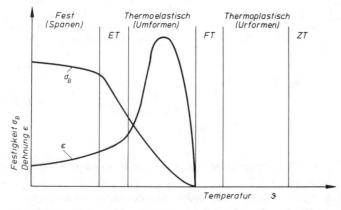

Bild 97 Formänderungs- und Festigkeitsverhalten amorpher Thermoplaste in Abhängigkeit von der Temperatur

c) *Thermoelastischer Bereich:* Die Mikro-Brownsche Bewegung ist voll ausgebildet. Die Fadenmoleküle sind in sich beweglich, aber an Haftpunkten fixiert. Noch kein Abgleiten. In diesem Bereich ist eine Warmformgebung um mehrere 100 % möglich. Die günstigste Formgebungstemperatur ist bei maximaler Dehnung erreicht (PVC: 92 ... 95 °C).

d) *Bereich FT:* Fließtemperaturbereich. Die Haftstellen lösen sich und die Moleküle werden beweglich (Makro-Brownsche Bewegung).

e) *Thermoplastischer Bereich:* Der Werkstoff ist teigig bis zähflüssig. Temperaturbereich für das Schweißen, Spritzen und Kalandrieren.

f) *Bereich ZT:* Zersetzungstemperaturbereich. Die Zersetzung setzt ein mit einem Kettenabbau und endet mit vollständiger Zerstörung.

Die Bindungskräfte können je nach Anordnung der Fadenmoleküle in unterschiedlicher Weise wirksam werden.

Das Formänderungs- und Festigkeitsverhalten *teilkristalliner Thermoplaste* veranschaulicht Bild 98. Polyolefine, Polyamide und Polyacetale sind die wichtigsten Vertreter von Polymeren, die teilkristallin aufgebaut sind. Sie enthalten kleinste, in Kristallgittern geordnete Bereiche, die eine Länge bis zu einigen 10^{-8} cm besitzen. Dazwischen ist der Werkstoff amorph (Bild 96). Die Bildung der kristallinen Bereiche hat man sich durch Kettenfaltung vorzustellen, wodurch sich eine lamellenartige Mikrostruktur ergibt. Bei Kristallisation aus der Schmelze können Sphärolite mit einem Durchmesser von einigen Zehntel Millimetern entstehen. Ein Beispiel hierfür ist Polypropylen. Ob und bis zu welchem Grade ein Polymer kristallisiert, hängt von Struktur, Symmetrie entlang der Hauptkette, Zahl und Länge der Seitenketten und von der Wärmeführung ab. Geht bei Wiedererwärmung der geordnete Charakter verloren, was sich z.B. durch Differentialthermoanalyse (DTA) bestimmen läßt, so ist der *Kristallitschmelzpunkt* erreicht worden.

Anhand von Bild 98 läßt sich das von amorphen Thermoplasten etwas abweichende Verhalten der kristallinen Thermoplaste erklären.

a) Bereich FEST: Eingefrorener Zustand, der sich vom Glaszustand der amorphen Thermoplaste nicht unterscheidet, es sei denn, daß die kristallinen Thermoplaste in diesem Bereich besonders spröde sind (z.B. Polystyrol).

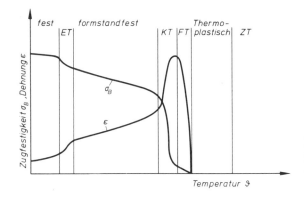

Bild 98

Formänderungs- und Festigkeitsverhalten teilkristalliner Thermoplaste

b) Bereich ET: Im Einfrierbereich werden die amorphen Bestandteile zunehmend visko-
elastisch, während die kristallinen Bezirke noch fest bleiben. Der Festigkeitsabfall mit
zunehmender Temperatur wird dadurch gebremst. Der Werkstoff bleibt formsteif bis
nahe an den *Kristallitschmelzpunkt* heran. Im Gegensatz zu den amorphen Thermoplasten lassen sich die kristallinen daher oberhalb des Einfrierbereiches einsetzen. Bei
Erreichen des Kristallitschmelzpunktes schmelzen die Kristallite auf und der Werkstoff geht in den thermoplastischen Zustand über.

Das Formänderungs- und Festigkeitsverhalten von *Duroplasten* geht aus Bild 99 hervor.
Es handelt sich um vernetzte Kunststoffe, eine übereinandergleitende Bewegung der Moleküle, d.h. Schmelzen und Fließen sind nicht mehr möglich. Der Glaszustand bleibt bis
zur Zersetzungstemperatur erhalten, so daß es bei Erreichen dieser Temperatur fast über-
gangslos zur Zersetzung kommt.

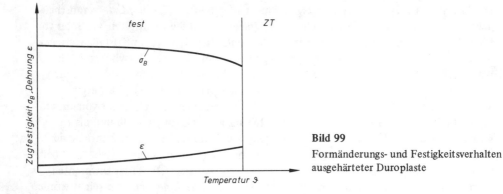

Bild 99
Formänderungs- und Festigkeitsverhalten
ausgehärteter Duroplaste

Form der Makromoleküle

Im amorphen Zustand liegen die Fadenmoleküle ungeordnet neben- und durcheinander.
Die Entfernungen zwischen den Makromolekülen sind groß und Nebenvalenzen sind nur
an wenigen Stellen, den Kreuzungspunkten, wirksam. Dieser Zustand ist dann erwünscht,
wenn eine leichte Beweglichkeit der Kettenmoleküle gefordert wird, z.B. bei Spachtel-
massen. Man spricht von einer *Wattebauschstruktur*, wie sie in Bild 100a wiedergegeben
ist.

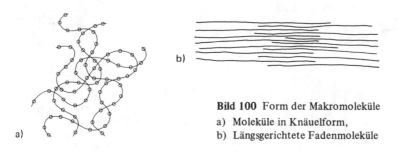

Bild 100 Form der Makromoleküle
a) Moleküle in Knäuelform,
b) Längsgerichtete Fadenmoleküle

Bei der Verarbeitung können die Ketten jedoch ausgerichtet werden. Das ist bei den meisten üblichen Verarbeitungsverfahren wie Kalandrieren, Extrudieren oder Spritzgießen der Fall. Dadurch kommt es zu einer gewissen Anisotropie der Eigenschaften. Besonders stark ausgeprägt ist die Ausrichtung der Makromoleküle nach einem an die Herstellung anschließenden *Verstrecken* (Recken), Bild 100b. Bei Folien kann dieses Verstrecken auch biaxial erfolgen. Die Zugfestigkeit läßt sich durch Verstrecken, wobei die Fasern um das 8 bis 10fache gelängt werden, wesentlich verbessern. Dabei ist die Festigkeit in Reckrichtung höher als senkrecht dazu. Das Recken erfolgt bei amorphen Kunststoffen knapp oberhalb der Glastemperatur, bei kristallinen knapp unterhalb der Kristallitschmelztemperatur.

9.2.3 Eigenschaften der Kunststoffe

Mechanische Eigenschaften

Einfluß der Temperatur

Erheblich stärker als bei Metallen macht sich der Temperatureinfluß bemerkbar. Bild 101 zeigt am Beispiel des Polystyrols und eines Styrol-Acrylnitril-Copolymerisates Spannungs-Dehnungs-Schaubilder, die bei Temperaturen zwischen $+40\,^{\circ}\mathrm{C}$ und $+80\,^{\circ}\mathrm{C}$ aufgenommen wurden. Noch deutlicher wird der Temperatureinfluß im Zeitstandversuch (Bild 102). Der Konstrukteur muß daher schon bei Raumtemperatur auf Lebensdauer des Bauteils bemessen. Dabei spielt auch das umgebende Medium (Luft, Wasser, Chemikalien, aggressive Gase) eine wesentliche Rolle.

Die Prüfung des Langzeitverhaltens erfolgt nach DIN 8072/73. Kunststoffe kriechen, die Belastbarkeit sinkt also mit der Belastungsdauer.

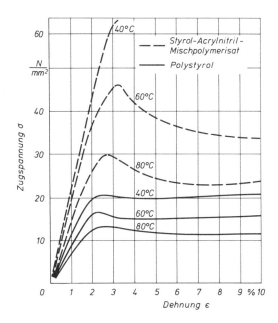

Bild 101
Temperaturabhängigkeit der Festigkeit von Kunststoffen [38]

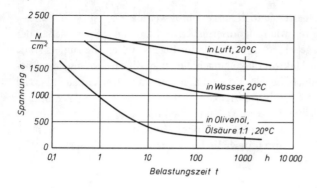

Bild 102

Ergebnisse des Zeitstandversuches an Polystyrol in Abhängigkeit vom Prüfmedium [38]

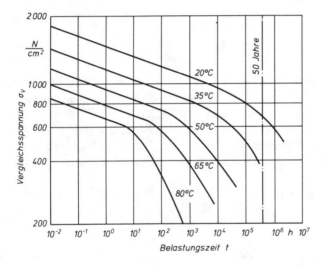

Bild 103

Zeitstandfestigkeit innendruck-beanspruchte Rohre aus PE hart [39]

Beispiel: Bemessung auf 50 Jahre Lebensdauer (Zeitstandfestigkeit) bei Trinkwasserrohren aus PE hart.

$$\sigma_v = p\,\frac{d_m}{2\,s} < \sigma_{zul}\ \text{in Nmm}^{-2}$$

σ_v Vergleichsspannung in Nmm^{-2}
d_m mittlerer Durchmesser in mm
s Wanddicke in mm
p Innendruck in Nmm^{-2}

Untere Grenze der Zeitstandfestigkeit innendruckbeanspruchter Rohre aus PE hart siehe Bild 103.

Tabelle 31 Festigkeitsanforderungen für PE hart nach DIN 8075

Prüftemperatur °C	Prüfdauer Mindeststandzeit h	Prüfspannung σ_v N mm^{-2}
80	48	4,1
	95	3,5
	170	3,0
20	1	15

Polymerisationsgrad

Die Festigkeit nimmt mit dem Polymerisationsgrad zu (Bild 104), da bei langen Ketten eine größere Kohäsionsfläche (Bild 105) vorhanden ist, in welcher Nebenvalenzen wirksam sind. Dementsprechend wächst die Reißlänge l_R mit der Kettenlänge. Unter Polymerisationsgrad versteht man die Zahl der Monomere je Makromolekül. Bei Folien wird die Reißlänge als Festigkeitsmaß gewählt, da die Dicke und damit der Querschnitt des Probestreifens nur ungenau bestimmt werden kann. Sie gibt an, bei welcher Länge ein Stab oder Band des betreffenden Werkstoffs, frei aufgehängt, unter der eigenen Last zu Bruch gehen würde.

$$l_R = \frac{F_R \cdot 10^3}{b \cdot G_A} \quad \text{in m}$$

l_R Probenlänge, bei der die Gewichtskraft der Probe gleich der Reißlast ist

F_R Kraft im Augenblick des Reißens in N

b ursprüngliche Breite der Probe in mm

G_A Flächen-Gewichtskraft in N m^{-2}

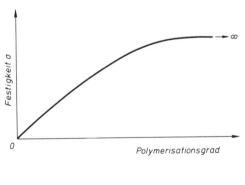

Bild 104
Bruchfestigkeit als Funktion des Polymerisationsgrades

Bild 105
Veränderung der Kohäsionsfläche bei verschieden langen Ketten

Vernetzung

Wie bereits erwähnt, steigt die Festigkeit durch Vernetzung, weil ein Teil der Nebenvalenzen durch Hauptvalenzen ersetzt wird. Dies gilt auch für die Warmfestigkeit.
Enge Vernetzung: Glasartig ausgehärtete Duroplaste mit erhöhter Warmfestigkeit.
Lose Vernetzung: Chemische Verknüpfung zwischen den Fäden (Brücken) führt zu elastischem Verhalten, auch bei höheren Temperaturen: Gummielastizität der *Elaste*.

Dynamische Beanspruchung

Üblich ist die Prüfung im Wöhlerversuch mit Grenzschwingspielzahlen von $3 \cdot 10^7 \ldots 4 \cdot 10^7$.
Dabei ergibt sich ein starker Einfluß von Orientierung, Kristallinitätsgrad, Molekulargewicht, Feuchtigkeitsgehalt, Verarbeitungsbedingungen und Eigenspannungen auf das Festigkeitsverhalten. Bild 106 gibt die Biegewechselfestigkeit für einige Kunststoffe wieder.

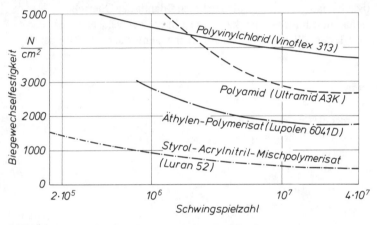

Bild 106 Biegewechselfestigkeit einiger Kunststoffe [38]

Elektrische Eigenschaften

Die Kunststoffe gehören zu den Isolatoren.
Spezifischer *Durchgangswiderstand* ρ_D von einigen Leitern und Isolierstoffen:

Werkstoff	Cu	Al	Stahl	PF[1]	PA[1]	ABS[1]	PS[1]
ρ_D (Ωcm)	$0{,}018 \cdot 10^{-4}$	$0{,}03 \cdot 10^{-4}$	$0{,}13 \cdot 10^{-4}$	10^{10}	10^{12}	10^{15}	10^{17}

[1] siehe Seite 104

Bei hohem spezifischen Durchgangswiderstand ($\rho_D > 10^{13}$) fließen elektrische Ladungen von der Oberfläche nicht mehr ab, *elektrostatische Aufladung*. Sie entsteht dadurch, daß es bei Reibung im Bereich der Grenzflächen zu einer Ladungsverschiebung kommt, die bei dem einen Körper zu Elektronenmangel, beim anderen zu Elektronenüberschuß führt. Die Reibung strömender Luft auf textilen Bodenbelegen kann hierfür schon ausreichen.

Bei lebhaftem Begehen solcher aus synthetischen Fasern hergestellter Bodenbelege kann sich der Körper auf- und bei Berührung mit einer Erdung wieder entladen. Wegen der geringen Kapazität des menschlichen Körpers sind die auftretenden Ladungsmengen zwar unbedeutend und ungefährlich, die Spannungen können jedoch mehrere tausend Volt betragen und zu einem unangenehmen Schlag führen. Da die Entladung mit Funkenbildung verknüpft sein kann, muß eine elektrostatische Aufladung in Räumen mit explosiblen Staub- oder Gasgemischen vermieden werden. Durch Beimischung z.B. von Ruß kann der Oberflächenwiderstand in solchen Fällen ausreichend herabgesetzt werden („leitfähige" Belege). In harmlosen Fällen genügt die Verwendung üblicher Reinigungsmittel, die einen dünnen Oberflächenfilm bilden, der Feuchtigkeit bindet und dadurch eine elektrostatische Aufladung für längere Zeit verhindert.

Kunststoffe haben eine hohe *Durchschlagfestigkeit* (VDE 0303) von $10 \ldots 100 \, \text{kVmm}^{-1}$. Liegt ein Kunststoff als Isolierstoff in einem Wechselfeld, so ist der Energieverlust

$$N = E^2 \, 2\pi f \, \epsilon_r \, \tan \delta$$

E	Feldstärke (Volt cm^{-1})
f	Frequenz des Wechselfeldes (Hz)
ϵ_r	Dielektrizitätszahl
$\tan \delta$	dielektrischer Verlustfaktor

Tabelle 32 gibt einige Anhaltswerte für $\tan \delta$ und ϵ_r (Richtwerte bei 23 °C und 1 MHz).

Tabelle 32 Dielektrischer Verlustfaktor und Dielektrizitätszahl verschiedener Kunststoffe

Kunststoff	Dielektrischer Verlustfaktor $10^4 \, \tan \delta$	Dielektrizitätszahl ϵ_r
Polyähtylen	1,2	2,28
Polystyrol	1	2,5
Styrol-Acrylnitril	80	2,9
ABS-Polymerisate	200	3,2
Polyamide	200 ... 300	3,6 ... 3,8
PVC hart	230	2,8
PVC weich	400	4,5
Ungesättigte Polyester	200	3,3

Stoffe mit hohem Produkt $\epsilon_r \cdot \tan \delta$ ($> 10^{-2}$) sind gut zum Schweißen durch HF-Erwärmung geeignet.

Beispiele:
a) Polyäthylen $\epsilon_r = 2,28$
$\tan \delta = 1,2 \cdot 10^{-4}$
$\epsilon_r \cdot \tan \delta = 2,74 \cdot 10^{-4}$

Also nicht mit Hochfrequenzerwärmung zu schweißen, aber guter Hochfrequenzisolierstoff.

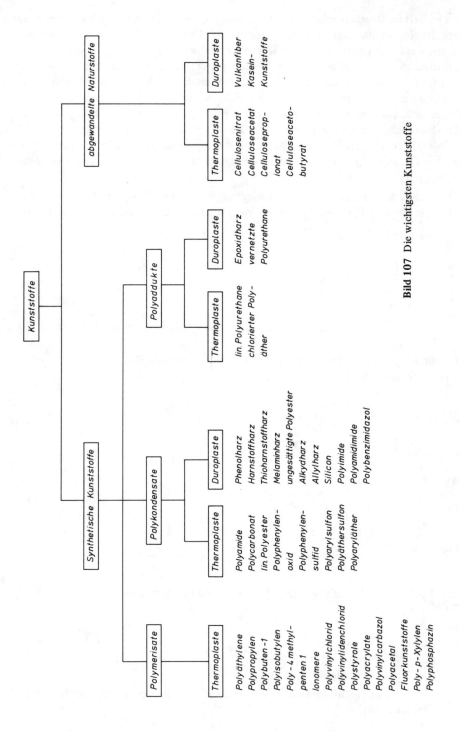

Bild 107 Die wichtigsten Kunststoffe

b) PVC hart $\epsilon_r = 2{,}8$

$\tan\delta = 23 \cdot 10^{-3}$

$\epsilon_r \cdot \tan\delta = 6{,}4 \cdot 10^{-2}$

Also gut mit Hochfrequenzerwärmung zu schweißen, ungeeignet als Hochfrequenz-isolierstoff.

9.2.4 Die wichtigsten Kunststoffe und ihre Anwendung

Eine Übersicht über die dem Konstrukteur zur Verfügung stehenden Kunststoffe bietet Bild 107, die nach DIN 7728 vorgesehenen und die noch nicht genormten, aber üblichen Kurzzeichen enthält Tabelle 34. Nur die wichtigsten der in Bild 107 zusammengefaßten Kunststoffe werden hier behandelt.

Polymerisate

Durch Polymerisation werden in Anwesenheit von Katalysatoren ausschließlich Thermoplaste gewonnen.

Polyäthylen (PE), *Polypropylen* (PP)

Das Polyäthylen $[-CH_2-]_n$ gehört neben Phenoplasten, Polystyrol und Polyvinylchlorid zu den vier wichtigsten Vertretern der Plaste. Es bildet zusammen mit Polypropylen und den Buten- bzw. Butadien-Polymeren die Gruppe der Polyolefine. Gasförmiges Äthylen C_2H_4, aus Erdölprodukten über Verflüssigung in der Kälte oder aus Azetylen gewonnen, wird vorwiegend nach zwei Verfahren zu Polyäthylen polymerisiert:

	Druck bar	Temperatur °C	Katalysator
Hochdruckpolyäthylen nach ICI (LDPE), PE weich	2000 ... 3000	80 ... 300	Sauerstoff
Niederdruckpolyäthylen nach Ziegler (HDPE), PE hart	10 ... 50	20 ... 70	Nickel

Je nach Herstellungsart unterschiedliche Eigenschaften. Durch Vergrößern des Polymerisationsgrades (= Zahl der Grundbausteine, die zu Makromolekülen vereinigt werden) läßt sich die Warmfestigkeit erhöhen. Eine Vernetzung ist möglich durch Elektronen-Bombardement (1 MeV). Weitere Erhöhung der Warmfestigkeit durch *Polypropylen*

$$-\left[\begin{array}{c} CH_2-CH \\ | \\ CH_3 \end{array}\right]_n-$$

Propylen: C_3H_6

Tabelle 33 Dichte und Erweichungstemperatur
bei Polyäthylen und Polypropylen

Kunststoff	Dichte g cm^{-3}	Erweichungsbeginn °C
Hochdruck PE	0,91 ... 0,925	112
Niederdruck PE	0,941 ... 0,965	130
Polypropylen	0,90	165

Tabelle 34 Kurzzeichen der wichtigsten Kunststoffe laut DIN 7728

Kurz-zeichen	Erklärung	Kurz-zeichen	Erklärung
ABS	Acrylnitril-Butadien-Styrol-Copolymere	PIB	Polyisobutylen
AMMA	Acrylnitril-Methylmethacrylat-Copolymere	PMMA	Polymethylmetacrylat
		POM	Polyoxymethylen; Polyformaldehyd (Polyacetal)
CA	Celluloseacetat	PP	Polypropylen
CAB	Celluloseacetobutyrat	PS	Polystyrol
CAP	Celluloseacetopropionat	PTFE	Polytetrafluoräthylen
CF	Kresolformaldehyd	PUR	Polyurethan
CMC	Carboxymethylcellulose	PVAC	Polyvinylacetat
CN	Cellulosenitrat	PVAL	Polyvinylalkohol
CP	Cellulosepropionat	PVB	Polyvinylbutyral
CS	Kasein	PVC	Polyvinylchlorid
EC	Äthylcellulose	PVCA	Vinylchlorid-Vinylacetat-Copolymere
EP	Epoxid	PVDC	Polyvinylidenchlorid
MF	Melaminformaldehyd	PVF	Polyvinylfluorid
PA	Polyamid	PVFM	Polyvinylformal
PC	Polycarbonat	SAN	Styrol-Acrylnitril-Copolymere
PCTFE	Polychlortrifluoräthylen	SB	Styrol-Butadien-Copolymere
PDAP	Polydiallylphthalat	SI	Silikon
PE	Polyäthylen	SMS	Styrol-α-Methylstyrol-Copolymere
PETP	Polyäthylenterephthalat	UF	Harnstoffformaldehyd
PF	Phenolformaldehyd	UP	Ungesättigte Polyester

In der Praxis haben sich neben den erwähnten Kurzzeichen noch einige andere eingeführt, die zu einer weiteren Differenzierung dienen sollen:

LDPE   Low Density Polyäthylen = Polyäthylen niederer Dichte
HDPE   High Density Polyäthylen = Polyäthylen hoher Dichte
E-PVC   Emulsions-PVC
S-PVC   Suspensions-PVC
ASA   Acrylester-Styrol-Acrylnitril-Copolymer
EPS   Expandierbares Polystyrol
EVA   Äthylen-Vinylacetat-Copolymer
GFK   Glasfaserverstärkte Kunststoffe (allgemein)
GUP   Glasfaserverstärkte ungesättigte Polyesterharze

Anwendung

Folien und Platten (36 % der PE-Gesamtproduktion), hergestellt in Breitschlitzextrudern oder im Schlauchspritzverfahren. Gute Durchlässigkeit für O_2 und CO_2 (Lebensmittelverpackung).
Auskleidungen im chemischen Apparatebau.
Fäden: Netze, Seile (wasserfest).
Rohre: Von Kabeltrommel aus verlegte Wasserrohre bis 2 km Einzellänge. Korrosionsbeständig, frostsicher. Nicht beständig gegen tierische Fette.
PP für Kunstrasen.
Formkörper: Flaschen (unzerbrechlich, leicht), Eimer, Becher, Armaturen, Dichtungen, Transportbehälter.
Verarbeitungsverfahren: Spritzgießen, Extrudieren, Hohlkörperblasen, Kalandrieren.

Fluor-Polymerisate

Fluor-Kohlenstoffverbindungen, Fluorcarbone. Typischer Vertreter Polytetrafluoräthylen (PTFE)

$$-[CF_2]_n-$$

Hochchemikalienfester Apparatebaustoff und Trennmittel mit hoher Warmfestigkeit (dauerwärmebeständig bis 250 °C). Vorzügliche elektrische Eigenschaften.
Polyfluorcarbone sind nicht benetzbar.

Anwendung:

Kolbenringe für Gaskompressoren, korrosionsbeständige Auflage. Keine Schmiermittel erforderlich, da niedriger Reibungskoeffizient, wartungsfrei.
Wegen seiner hohen Schmelzviskosität bereitet die Verarbeitung von PTFE durch Spritzgießen und Extrudieren Schwierigkeiten. Dagegen kann fluorierter Äthylen-Propylen-Kunststoff PFEP nach diesen Verfahren verarbeitet werden.

	Schmelzviskosität Pa s
PTFE	10^9
PFEP	$10^3 \dots 10^4$

Struktur von PFEP:

$$
-\begin{bmatrix}
\begin{array}{cccc}
F & F & F & F \\
| & | & | & | \\
C- & C- & \dots -C & -C \\
| & | & | & | \\
F & F-C-F & F & F \\
& | & & \\
& F & &
\end{array}
\end{bmatrix}_n -
$$

Hexafluorpropylen-Tetrafluoräthylen-Copolymerisat

Weitere Fluorkunststoffe:

Polytrifluoräthylen PCTFE

$$-\left[\begin{array}{c} F\ \ F \\ |\ \ \ | \\ C-C \\ |\ \ \ | \\ F\ \ Cl \end{array}\right]_n-$$

PTFE-PE-Copolymerisat PETFE

$$-\left[\begin{array}{c} F\ \ F\qquad H\ \ H \\ |\ \ \ |\qquad |\ \ \ | \\ C-C-\ \cdots\ -C-C \\ |\ \ \ |\qquad |\ \ \ | \\ F\ \ F\qquad H\ \ H \end{array}\right]_n-$$

PCTFE-PE-Copolymerisat PECTFE

$$-\left[\begin{array}{c} F\ \ F\qquad H\ \ H \\ |\ \ \ |\qquad |\ \ \ | \\ C-C-\ \cdots\ -C-C \\ |\ \ \ |\qquad |\ \ \ | \\ F\ \ Cl\qquad H\ \ H \end{array}\right]_n-$$

Polyvinylidenfluorid PVDF

$$-\left[\begin{array}{c} F\ \ H \\ |\ \ \ | \\ C-C \\ |\ \ \ | \\ F\ \ H \end{array}\right]_n-$$

Polystyrol (PS)

$$-\left[\begin{array}{c} CH-CH_2 \\ \bigcirc \end{array}\right]_n-$$

Tabelle 35 Wärmeleitzahl von Polystyrolschaum für 20 g/l Raummasse

Temperatur °C	Wärmeleitzahl kJ $[\text{m h grd}]^{-1}$
– 50	0,096
0	0,117
+ 20	0,126
+ 50	0,138

Eigenschaften vom Polymerisationsgrad abhängig. Molekulargewichte (= Summe der in der Moleküleinheit vorhandenen Atomgewichte) zwischen 180 000 und 800 000. Nur geringe Wärmebeständigkeit von 60 ... 90 °C.

Anwendung:

Formteile: Spritzgußteile in der Elektrotechnik, da sehr gute dielektrische Eigenschaften. Fäden, Folien, Platten: Abdeckplatten, Schaugläser, Drucktasten, Schaumstoffe mit geschlossenen Poren zur verfestigenden Ausfüllung der Hohlräume in den Tragflächen von Flugzeugen, zur Wärmeisolierung in Lebensmittel-, chemischer und Bauindustrie. Schwimmwesten, Rettungsringe.
Verarbeitungsverfahren: Spritzgießen, Extrudieren, Tiefziehen, Hohlkörperblasen, Dampfstoß-Schäumen.

Acryl-Polymerisate

Polymethylmethacrylat (PMMA)

$$- \left[\begin{array}{c} CH_3 \\ | \\ CH_2-C \\ | \\ COOCH_3 \end{array} \right]_n -$$

Anwendung: Tafeln, Blöcke, „Plexiglas" zur Verglasung der Kanzeln von Flugzeugen, Dachverglasung mit Welltafeln, durchsichtige Modelle (gläserner Mensch, gläserner Motor), Knochen- und Speisenröhrenersatz in der Chirurgie, da gewebefreundlich, Augenhaftgläser. Wetterbeständig.

Polyacrylnitril

Makromolekulargewichte 60 000 ... 100 000

$$- \left[\begin{array}{c} CH_2-CH \\ | \\ CN \end{array} \right]_n -$$

Anwendung: Fasern (Orlon, Dralon)

Mottenfeste, hautverträgliche Chemiefaser. Säureschutzanzüge, Planen, Gardinen. Verarbeitungsverfahren: Extrudieren, Spritzen.

Polyvinylester

Polyvinylchlorid (PVC)

$$- \left[\begin{array}{c} CH_2-CH \\ | \\ Cl \end{array} \right]_n -$$

Einer der wichtigsten Kunststoffe, gekennzeichnet durch gute Verarbeitungseigenschaften einschließlich Schweißbarkeit, durch gute Beständigkeit gegenüber vielen Chemikalien, bei allerdings nur geringer Wärmebeständigkeit (Erweichen ab 80 °C). Bei gleichzeitiger mechanischer Beanspruchung Beginn der plastischen Verformung schon bei 50 ... 60 °C.

PVC hart: ohne Weichmacher,
PVC weich: mit 20 ... 60 % Weichmacher.

Herstellung aus Azetylen unter Anlagerung von Salzsäure, die aus Kochsalz und Schwefelsäure gewonnen wird.

$$2\,NaCl + H_2SO_4 \rightarrow Na_2SO_4 + 2\,HCl$$

$$CH \equiv CH + HCl \rightarrow \begin{array}{c} CH_2 = CH \\ | \\ Cl \end{array}$$

Polymerisation unter Anwendung von Wärme und Druck.

Bei der Erzeugung von PVC ist auf eine möglichst niedrige Konzentration an monomerem VC in der Atemluft zu achten. Unter Berücksichtigung der toxischen Wirkung des VC ist in DIN 4746 ein Restgehalt an Vinylchlorid in den verschiedenen Typen des PVC von

$<$ 10 ppm (in Pulvermischungen und Granulaten $<$ 1 ppm) festgelegt worden. Dabei entspricht 1 ppm einem Wert von 1 mg/kg. Für die Atemluft gilt z.Z. ein MAK-Wert von 5 ppm. Bei der Verarbeitung und beim Umgang mit PVC-Erzeugnissen sind keine Gesundheitsschädigungen bekanntgeworden.

Anwendung: Folien und Bahnen, im Kalanderverfahren hergestellt. Korrosionsfeste Auskleidungen, PVC-beschichtete Bleche, Förderbänder, Fußbodenbeläge, selbstklebende Folien.

Schläuche, Kabelmäntel.

Rohre, Profile.

Zulässige, aus der Zeitstandfestigkeit für 50jährigen Betrieb abgeleitete Beanspruchung für PVC-Rohre siehe Tabelle 36.

Tabelle 36 Zulässige Beanspruchung für PVC-hart-Rohre

Temperatur °C	0	15	20	30	40	60
Zulässige Dauerstandfestigkeit $N\,mm^{-2}$	26	20,5	18,7	15,1	11,4	4,1

Formteile.

Lacke, Klebstoffe: Selten reines PVC, meist Mischpolymerisate.

Fasern, Borsten: Chemisch beständig, aber geringe Festigkeit und Wärmebeständigkeit.

Verarbeitungsverfahren: Kalandrieren, Extrudieren, Spritzgießen, Blasen, Tiefziehen.

PVC-Modifikationen

Zur Erzielung besonderer Eigenschaften können zahlreiche Copolymerisate auf der Grundlage von PVC erzeugt werden. Zur Verbesserung der *Schlagzähigkeit* in der Kälte dienen Mischungen mit Butadien, Äthylen, Acrylester, Vinylacetat. Zur Verbesserung der *Verarbeitbarkeit* dienen Mischungen mit Propylen, Acrylaten, ABS.

Die *Warmfestigkeit* läßt sich durch Copolymerisation mit Acrylnitril erhöhen usw.

Polyvinylalkohol (PVAL)

Entsteht durch Lösen von PVAC in Methanol (Verseifung).

$$-\left[CH_2-\underset{\underset{OH}{|}}{CH}\right]_n-$$

In Wasser löslich, in den üblichen Lösungsmitteln dagegen nicht. Anwendung zur wasserlöslichen Verpackung von Farbstoffen.

Polyacetal (POM)

Polyformaldehyd, Polyoximethylen. Unter Polyacetalen versteht man Homo- und Copolymerisate von Aldehyden mit cyclischen Acetalen. Das Acetal-Homopolymerisat

$$-\left[\underset{\underset{H}{|}}{\overset{\overset{H}{|}}{C}}-O\right]_n-$$

wird mit verschiedenen anderen Monomeren copolymerisiert. Es zeichnet sich durch gute Festigkeitseigenschaften und Formbeständigkeit bei Erwärmung sowie hohen Abriebwiderstand aus. Auch glasfaserverstärkte Copolymerisate werden als Konstruktionswerkstoffe verwendet.

Kunstkautschuk

Polybutadiene (BR)

Kunststoffe, deren elasto-plastisches Verhalten dem des Naturkautschuks ähnlich ist, bezeichnet man auch als *Elastomere*.

$$-\left[\begin{array}{cc} \overset{\displaystyle H}{\underset{\displaystyle H}{\overset{|}{\underset{|}{C}}}} - \overset{\displaystyle H}{\underset{\displaystyle CH}{\overset{|}{\underset{|}{C}}}} \\ \quad\;\; \underset{\displaystyle CH_2}{|} \end{array}\right]_n -$$

Polymerisation mit Natrium als Katalysator führte zu *Buna.* Zahlenbuna: Buna 32, Buna 85, Buna 115. Ziffer: Polymerisationsgrad. Heute modernere Herstellungsverfahren (Niewland, Benzolverfahren, Dehydrierung von Raffinerie- und Erdgas). Kennzeichnend für die Butadiene sind die vier C-Atome des Monomers, also eine $(C_4)_n$-Gruppe.
Die Eigenschaften werden stark davon beeinflußt, an welcher Stelle die Polymerisation erfolgt:

$$\overset{\textcircled{1}}{} \quad \overset{\textcircled{2}}{} \quad \overset{\textcircled{3}}{} \quad \overset{\textcircled{4}}{}$$

$$- \; C \; - \; C \; = \; C \; - \; C \; - \qquad 1,4\text{-Polymerisation}$$

$$\overset{\textcircled{1}}{} \quad \overset{\textcircled{2}}{}$$

$$- \; C \; - \; C \; - \qquad\qquad 1,2\text{-Polymerisation}$$
$$\qquad\;\; | $$
$$\qquad\;\; C \quad \textcircled{3}$$
$$\qquad\;\; \| $$
$$\qquad\;\; C \quad \textcircled{4}$$

Je nach Stellung der Seitengruppen kann der Aufbau

isotaktisch   → gleiche Stellung der Seitengruppen,
syndiotaktisch → alternierende Stellung der Seitengruppen,
ataktisch   → Seitengruppenanordnung ohne Symmetrie, erfolgen.

Beispiel: 1,2-Polybutadien (Bild 108).
Vielfach Anwendung von *Mischpolymerisaten:*
α) Butadien-Styrol-Mischpolymerisat (SBR)
β) Butadien-Acrylnitril-Mischpolymerisat (NBR)
γ) Acrylnitril-Butadien-Styrol-Mischpolymerisat (ABS)
Anwendung: Gehäuse und Abdeckungen aller Art, Lüfterräder, Armaturenteile, Beschlagteile (evtl. galvanisiert).
Verarbeitungsverfahren: Spritzgießen, Extrudieren, Tiefziehen.

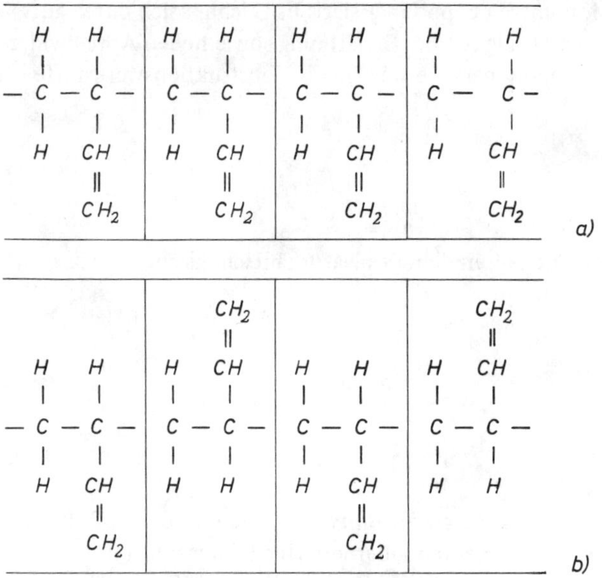

$$
\begin{array}{c|c|c|c}
\begin{array}{cc} H & H \\ | & | \\ -C & - C - \\ | & | \\ H & CH \\ & \| \\ & CH_2 \end{array} &
\begin{array}{cc} H & H \\ | & | \\ C & - C - \\ | & | \\ H & CH \\ & \| \\ & CH_2 \end{array} &
\begin{array}{cc} H & H \\ | & | \\ C & - C - \\ | & | \\ H & CH \\ & \| \\ & CH_2 \end{array} &
\begin{array}{cc} H & H \\ | & | \\ C & - C - \\ | & | \\ H & CH \\ & \| \\ & CH_2 \end{array}
\end{array}
$$

a)

$$
\begin{array}{c|c|c|c}
\begin{array}{cc} & \\ H & H \\ | & | \\ -C & - C - \\ | & | \\ H & CH \\ & \| \\ & CH_2 \end{array} &
\begin{array}{cc} & CH_2 \\ & \| \\ H & CH \\ | & | \\ C & - C - \\ | & | \\ H & H \\ & \end{array} &
\begin{array}{cc} & \\ H & H \\ | & | \\ C & - C - \\ | & | \\ H & CH \\ & \| \\ & CH_2 \end{array} &
\begin{array}{cc} & CH_2 \\ & \| \\ H & CH \\ | & | \\ C & - C - \\ | & | \\ H & H \\ & \end{array}
\end{array}
$$

b)

Bild 108
Iso- und syndiotaktischer Aufbau
bei der Polymerisation von
1,2-Polybutadien
a) isotaktisch
b) syndiotaktisch

Eigenschaftsvergleich mit Naturkautschuk siehe Tabelle 37:

Tabelle 37 Eigenschaften von Naturkautschuk und SBR

	Vulkanisationsmischung aus	
	Naturkautschuk	SBR
Reißfestigkeit $N\,cm^{-2}$	2500	2700
Reißdehnung %	600	550
Rückprallelastizität %	45	50
Shorehärte	60	65

Polyisobutylen (PIB)

$$
-\left[\begin{array}{c} CH_3 \\ | \\ C-CH_2 \\ | \\ CH_3 \end{array} \right]_n -
$$

Weitgehend gesättigt, also keine Doppelbindungen mehr vorhanden. Daher gute Chemikalienbeständigkeit, auch gegenüber oxydierenden Medien. Häufig Mischung mit Füllstoffen, u.a. mit Hochdruckpolyäthylen.

Anwendung: Folien, Bahnen, Auskleidungen im chemischen Apparatebau, Folien im Bauwesen.
Kitte, Leime, Klebstoffe.

Butylkautschuk (IIR)

$$- \left[CH_2 - \underset{\underset{CH_3}{|}}{\overset{\overset{CH_3}{|}}{C}} \right]_n \underbrace{- CH_2 - \underset{\underset{CH_3}{|}}{C} = CH - CH_2 -} \left[CH_2 - \underset{\underset{CH_3}{|}}{\overset{\overset{CH_3}{|}}{C}} \right]_m -$$

Butylen   Isopren   Butylen

Enthält geringe Zahl von Doppelbindungen und ist dadurch vulkanisationsfähig. Kommt dem Naturkautschuk in seinen Eigenschaften bereits sehr nahe. Sein Anteil an der Kunstkautschukerzeugung steigt ständig. Naturkautschuk ist Polyisopren

$$- \left[CH_2 - \underset{\underset{CH_3}{|}}{C} = CH - CH_2 \right]_n -$$

Tabelle 38   Weltverbrauch an Natur- und Synthesekautschuk [43]

	1965	1970	1975	1980[1]	1985[1]
Naturkautschuk (Mill. t)	2,45	3,1	3,3	4,6	5,5
Synthesekautschuk (Mill. t)	3,74	5,6	7,1	10,2	12,9

[1] geschätzt

Polykondensate

Phenoplaste (PF)

Phenoplaste sind Duroplaste, die aus Phenolen und Aldehyden in Gegenwart von Katalysatoren hergestellt werden.

$$- \left[\underset{}{\overset{OH}{\underset{\hexagon}{}}} CH_2 \right]_n -$$

Drei Zustandsformen, je nach Grad der Vernetzung:

A- oder Resolzustand: Alkohollöslich und in der Wärme schmelzbar.
B- oder Resitolzustand: Nicht mehr alkohollöslich, noch schmelzbar.
C- oder Resitzustand: Weder alkohollöslich, noch schmelzbar.

Anwendungen:

a) *Preßmassen:* Harze auf Pulverform zerkleinert, mit Füllstoffen versetzt und in B-Zustand überführt. Füllstoffe: Gesteinsmehl, Asbest, Holzmehl, Papier, Baumwolle. Armaturenbretter, Gehäuse, Schalen, Druckmaschinenwalzen, Profile, Preßteile für Elektrotechnik.

b) *Harze:* Lacke, Schaumstoffe. Mit Füllstoffen: Brems- und Kupplungsbeläge, Bindemittel für Schleifscheiben, Bestandteil von Metallklebern, Modelle für spannungsoptische Untersuchungen, Croning-Maskenguß [Sand + (4 ... 8) % Phenolharz], Dämmplatten.

c) *Schichtpreßstoffe:*
  Hartgewebe Hgw. Bremsbacken, Keilriemenscheiben, Kupplungsteile, Kugellagerkäftige,
  Lager mit guten Notlaufeigenschaften ($p_{zul} = 15 \ldots 20 \, Nmm^{-2}$).
  Hartpapier Hp. Gedruckte Schaltungen (Aufpressen einer Kupferfolie, Aufdrucken der
  Schaltung mit säurefesten Farben, Abätzen des restlichen Kupfers. Neutralisieren, Spülen,
  Trocknen).
  Schichtpreßholz: Verdichtetes Lagenholz mit mehr als 8 % Phenolharz. Keilriemen-
  und Seilscheiben, Sitze, Lehnen, Armaturenbretter.
d) *Verarbeitungsverfahren:* Formpressen, Spritzpressen, Extrudieren.

Aminoplaste

Amine = Abkömmlinge des Ammoniaks NH_3
a) *Harnstoffharze* (UF). Hergestellt aus Harnstoff und Formaldehyd (Bild 109).
b) *Melaminharze* (MF). Hergestellt aus Melamin und Formaldehyd (Bild 110).
Einsatz und Verarbeitung ähnlich wie bei Phenoplasten.

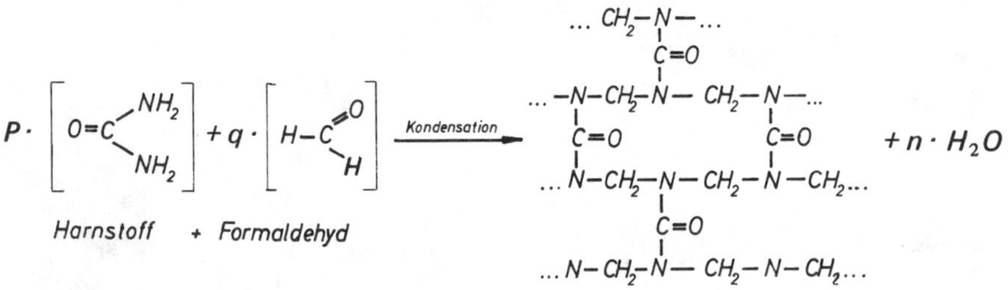

Bild 109 Strukturformel von Harnstoffharz, hergestellt aus Harnstoff und Formaldehyd

Bild 110
Strukturformel von Melamin

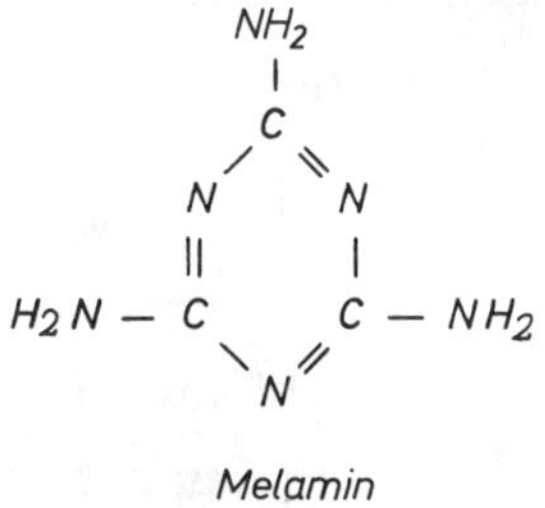

Silikone (SI)

Bisher wurden Kunststoffe auf der Basis organischer Kohlenwasserstoffverbindungen behandelt. Silikone sind grundsätzlich anders aufgebaut. An der entscheidenden Stelle in
der Kette steht hier nicht der Kohlenstoff, der die Beanspruchbarkeit in der Wärme begrenzt. Die hochwärmebeständigen Silikone stehen an der Grenze zwischen organischen
und anorganischen Verbindungen. Sie bestehen aus einer Kette von Si-O-Si-O-Atomgrup-
pen, denen lediglich als Seitengruppen Kohlenstoff enthaltende Radikale verschiedenen
Aufbaus angegliedert sind. Die Silikone können mit anorganischen Füllstoffen versetzt
und zu Formteilen und Schichtpreßstoffen unter Druck und Wärme geformt werden.

Beispiel: Oktamethylzyklotetrasiloxan

$$(CH_3)_3\,Si-O-\begin{bmatrix} CH_3 \\ | \\ Si-O \\ | \\ CH_3 \end{bmatrix}_n - Si\,(CH_3)_3$$

Anwendung: Vulkanisierbarer Silikonkautschuk, verwendbar zwischen 95 und 200 °C. Dichtungen für Vakuumgeräte (keine Zersetzungsprodukte bei höheren Temperaturen), Kabelmäntel.
Harze: Farben, Lacke, Imprägnierung. Mit Füllstoffen auch für Formteile.
Schichtpreßstoffe: Hartgewebe aus Silikonlack und Glasfaserbahnen. Teile für Elektromaschinenbau.
Öle, Fette: Gute Schmiereigenschaften, wasserabstoßend, chemikalienfest. Imprägnieren von Mauerwerk, gute dielektrische Eigenschaften.

Polyester (UP)

Unter Polyestern werden Substanzen verstanden, die durch mehrfach wiederholten Ablauf einer Esterbildungsreaktion aus geeigneten Ausgangsstoffen entstehen. Diese Ausgangsstoffe gehören chemisch den organischen Säuren und den Alkoholen an. Esterbildung: Chemischer Umsatz von Alkohol und Säuren als Kondensationsreaktion unter Abspalten von Wasser. Wenn Alkohol und Säure nur je eine reaktionsfähige Gruppe (OH-Gruppe bzw. abspaltbares H-Ion) besitzen, so entstehen einfache Ester (Bild 111).
Besitzen beide Partner mindestens je zwei reaktionsfähige Gruppen, so bilden sich Makromoleküle oder Polyester (Bild 112).

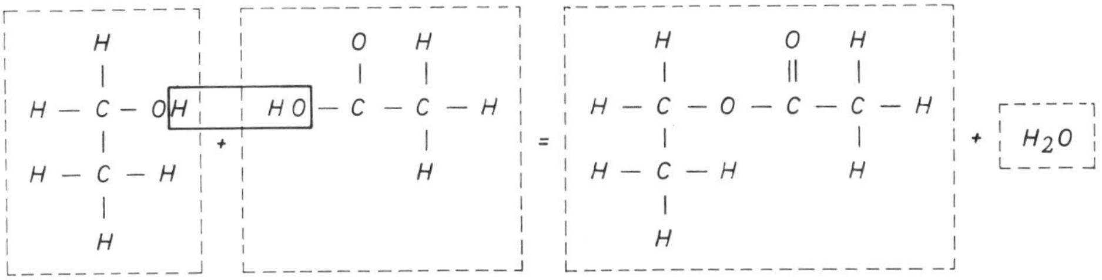

Bild 111 Aufbau eines einfachen Esters

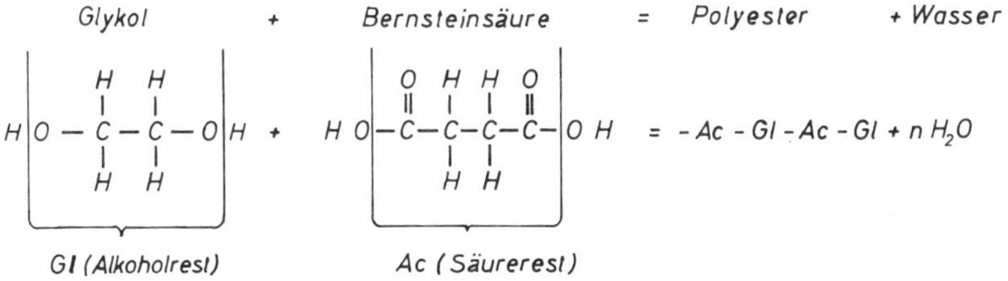

Bild 112 Aufbau eines Polyesters

Werden lineare Makromoleküle gebildet, ist das Ergebnis ein Thermoplast. Liegt Vernetzung vor, was durch Einbau mehrwertiger Alkohole mit drei oder vier reaktionsfähigen Hydroxylgruppen ermöglicht wird, entstehen Duroplaste (Bild 113).
Durch Polymerisation ungesättigter Polyester, die noch polymerisationsfähige Doppelbindungen enthalten, kann ebenfalls ein räumliches Netzwerk von Makromolekülen entstehen, so daß aus einem zunächst thermoplastischen Kunststoff ein duroplastischer gebildet wird.

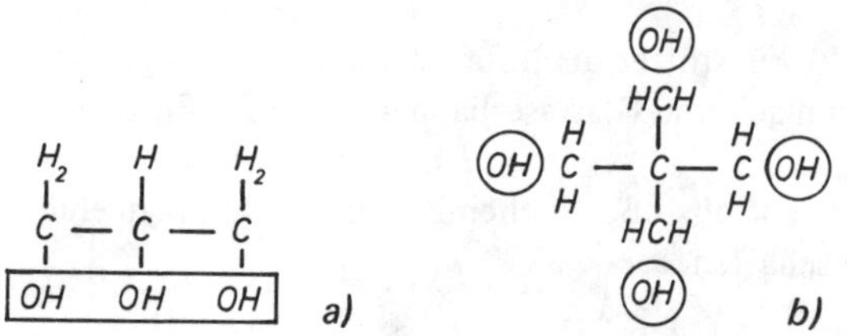

Bild 113
Mehrwertige Alkohole zum Aufbau von Duroplasten

a) Glyzerin, dreiwertig,
b) Pentaerythrit, vierwertig

Von besonderer Bedeutung: *Glasfaserverstärkte Polyester* (GFK). Glasfasern von 10 μm $\oslash$ werden in Strängen von z.B. 60 · 200 Elementarfäden, „Rovings", abgespult. Die Stränge durchlaufen ein Tränkbad aus flüssigem Reaktionsharz und werden — etwa zur Herstellung eines Behälters — auf Stahldorn in Links- und Rechtsschraubengang aufgewickelt. Gepreßte Böden werden eingeklebt. Aushärtung. Höchste Festigkeit bei Beanspruchung in Faserrichtung, also anisotropes Festigkeitsverhalten. Andere Formen sind Glasfasermatten (z.B. für den Bootsbau), Glasgewebe, Glasfaservliese (sehr dünne Matten aus nicht gebündelten Glasfasern. Vorimprägnierte, verarbeitungsfertige Glasfaser/Harz-Kombinationen mit begrenzter Lagerfähigkeit werden als *Prepregs* bezeichnet.
Glasfaserfestigkeit:

E-Glas: 1300 ... 1700 Nmm^{-2} = Aluminiumborosilikatglas
S-Glas: ca. 4500 Nmm^{-2} = Magnesiumaluminiumsilikatglas

Die Entwicklung geht z.Z. in Richtung höchstfester Fasern (C, B, SiC).

Anwendung:

a) *Textilfasern:* (Terylene, Trevira, Diolen) sind ungesättigte Polyester, temperaturfest bis 120 °C.
b) *Lacke, Klebstoffe*
c) GFK: Fahrzeugaufbauten (LKW, Tankwagen, Omnibusse, Kühlwagen). Behälter für chemische Industrie, Druckgasspeicher, Flüssiggasbehälter, Bootskörper, Flugzeugbau.
d) *Gießharze:* Z.B. chemikalienfeste Polyesterharzbeschichtung von Betonrohren. Schicht härtet nach dem Aufspritzen aus.
e) *Formpreßmassen:* Ungesättigte Polyester mit Füllstoffen für Anwendung in der Elektrotechnik.
f) *Schichtpreßstoff*

Polyamide (PA)

Lineare, durch Kondensation gebildete Thermoplaste auf der Grundlage von dem Eiweiß verwandten Ausgangsstoffen. Beispiel: Reaktion von Diaminen und Dicarbonsäuren.

$$n \cdot (H_2N \cdot R \cdot NH_2) + n(HOOC \cdot R_1 \cdot COOH),$$

wobei R und R_1 unterschiedlich aufgebaute Kohlenwasserstoffketten sind. Die beiden Bestandteile werden gemischt und erwärmt. Dabei Kondensation

$$
\begin{array}{cc}
\boxed{H \quad OH} \\[4pt]
-N + C- \\
\overset{|}{H} \quad \overset{\|}{O}
\end{array}
$$

unter Bildung von Makromolekülen. Wie Polyester mit Glasfasern verstärkbar.

Anwendung:

a) Chemiefaser: Perlon, bis etwa 90 °C beständig, Fallschirme, Netze, Feuerwehrschläuche, Förderbänder.
b) Folien: Extrudiert oder aus gespritzten Schläuchen hergestellt. Verpackung.
c) Formteile: Polyamidpulver + Füllstoffe als Ausgangswerkstoff zum Formpressen und Spritzgießen, geräuscharme Zahnräder für feinwerktechnische Geräte, Gleitlager, Kurvenscheiben, Kettenräder, Laufräder für Gebläse, Transportketten, Laufrollen, Kupplungsteile, tragende Maschinengehäuse, Transportbehälter, Schutzhelme, Ventile für Kühlwasserpumpen, Schiffsschrauben.

Verarbeitungsverfahren:
Spritzgießen, Extrudieren, Hohlkörperblasen, druckloses Gießen, Schleuderguß.

Polycarbonat (PC)

Polycarbonat entsteht durch eine Kondensationsreaktion von Dihydroxy-diphenyl-alkanen mit Kohlensäure:

Anwendung: Kugelsicheres Panzerglas. Da schweißbar und zäh bis zu tiefen Temperaturen, zahlreiche Anwendungsgebiete in Maschinenbau und Elektrotechnik, auch mit Glasfasern verstärkt.

Polyaddukte

Polyurethane (PUR)

Erzeugung durch Umsetzung von Isocyanaten und Alkoholen. Sind diese Bestandteile bifunktionell, entstehen lineare Ketten, d.h. Thermoplaste.

$$\text{Isocyanat:} \quad R-N=C=O$$
$$\text{Alkohol:} \quad R'-OH$$

Bei der Umsetzung entsteht im einfachsten Fall unter Verschiebung des H-Atoms des Alkohols an die O = C = N-Atomgruppe des Isocyanates ein Urethan

$$R-N=\underset{\underset{O}{\|}}{C} + HO-R' \rightarrow R-NH-\underset{\underset{O}{\|}}{C}-O-R'$$

Polyurethane werden entsprechend durch Reaktion von mehrfunktionellen Isocyanaten und Alkoholen gebildet (Bild 114).
Diisocyanate und Polyalkohole oder Dialkohol und Polyisocyanate führen zu vernetzten Strukturen und damit zu Duroplasten.

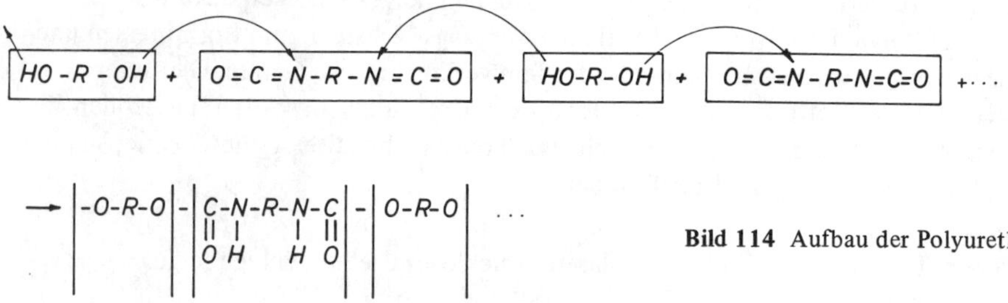

Bild 114 Aufbau der Polyurethane

Anwendung:
a) Fasern, Folien, Lacke: Zweikomponentenlacke mit hoher Witterungsbeständigkeit und für Zwecke der Elektrotechnik mit hoher Durchschlagfestigkeit.
b) Klebstoffe: Zweikomponentenkleber, auch für etwas erhöhte Temperaturen geeignet (50 ... 60% der Raumtemperaturfestigkeit bei 100 °C).
c) Formteile: Je nach Art der Herstellung schlagfeste und weichgummiähnliche Platten und Formteile. Dichtungen, Membrane, Reifen.
d) Schaum- und Leichtstoffe für Leichtbau: Etwa 50 % der Schaumstoffe sind Polyurethane. Chemisch beständig, formtreu, nicht für feuchtwarme Umgebung geeignet.

Epoxidharze (EP)

Herstellung aus Alkoholen und Äthylenoxidverbindungen. Meist Grundharze + Härter, der kurz vor der Verarbeitung zugesetzt wird. Ihren Namen verdanken diese Kunststoffe der sehr reaktionsfähigen Epoxidgruppe $R-\underset{\diagdown O \diagup}{CH-CH_2}$. Beispiel für den Aufbau eines Klebeharzes siehe Bild 115.

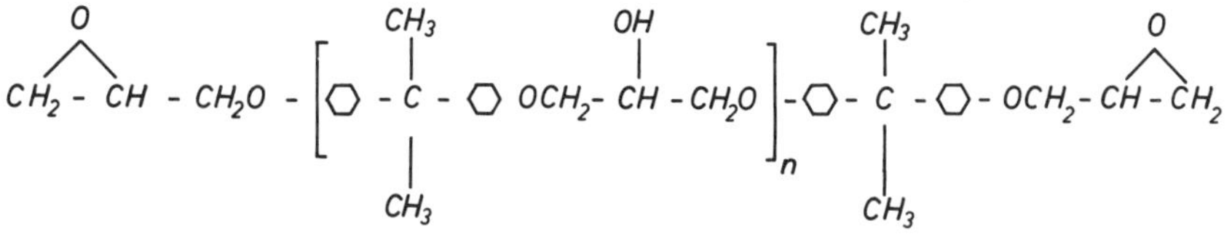

$$CH_2 - CH - CH_2O - \left[\underset{CH_3}{\overset{CH_3}{O - C - O}} \ OCH_2 - \underset{}{\overset{OH}{CH}} - CH_2O \right]_n - \underset{CH_3}{\overset{CH_3}{O - C - O}} - OCH_2 - CH - CH_2$$

Bild 115 Aufbau eines Klebeharzes

Anwendung:

a) Lacke: Mit Epoxidlacken behandelte Bleche können ohne Beeinträchtigung des Überzugs gestanzt und weitgehend durch Biegen und Tiefziehen verformt werden. Also gute Haftung. Wärmebeständig bis 120 °C.
b) Kleber: Zahlreiche Variationen, teils kalt, teils warm aushärtend. Auch Metallkleber.
c) Gießharze: Mit Füllstoffen in der Elektrotechnik angewendet.

9.2.5 Weichmacher, Gleitmittel, Füllstoffe, Antistatika

1. *Innere Weichmachung.* Änderung der mechanischen Eigenschaften durch Mischpolymerisation von weichen und harten Komponenten.
2. *Äußere Weichmachung.* Änderung der mechanischen Eigenschaften durch Zugabe niedermolekularer Substanzen. Sie müssen eine gewisse chemische Verwandtschaft zu den Hochpolymeren aufweisen bzw. in ihnen löslich sein. Die Anteile liegen zwischen einigen Prozenten und 40 %. Aktive Moleküle der Hochpolymeren werden durch Moleküle des Weichmachers gebunden, so daß sie nicht zur Vernetzung beitragen können. Dadurch größere Beweglichkeit der Makromoleküle und höhere Elastizität der Kunststoffe.
Wird sehr viel Weichmacher hinzugefügt, kann der Werkstoff plastisch werden und fließen. Dadurch ist die maximale Weichmacherkonzentration gegeben. Folgende Substanzen kommen in Betracht:

a) *Monomere Weichmacher*
Adipinsäureester
Phosphorsäureester
Sulfonsäureester
Essigsäureester

b) *Polymere Weichmacher*
Polyester
Polybutadienacrylnitril

Gleitmittel sind hochmolekulare Wachse zur Verbesserung der Formfüllung. Mit *Füllstoffen* wie Asbestmehl, Kaolin, Sand, Carbonaten, Sulfaten, Silikaten, Ruß usw. lassen sich die Eigenschaften der Kunststoffe variieren. Durch Zusatz gut leitender *Antistatika* kann der Oberflächenwiderstand z.B. von PE auf weniger als $10^9 \ \Omega$ erniedrigt werden, so daß die Voraussetzungen für eine Ableitung bzw. gleichmäßige Verteilung von Oberflächenladungen geschaffen werden.

9.2.6 Schaumstoffe

Zahlreiche Kunststoffe wie PUR, PS, PVC, PF, UP, UF und PA lassen sich verschäumen. Zu diesem Zweck wird der Kunststoff erwärmt, mit Treibmitteln wie Frigen oder Freon versetzt und in Formen oder im Extruder aufgeschäumt. Die Eigenschaften der Schaumstoffe sind abhängig von der Größe und Zahl der Poren. Schaumstoffe mit geschlossenen Poren werden für Schwimmzwecke, mechanische Stützungen und Wärmeschutz, solche mit offenen Poren für den Schallschutz, für Polsterungen und Schwämme eingesetzt.

Ein interessantes Anwendungsgebiet stellt das Ausschäumen von Stützkernen in Sandwich-Waben-Konstruktionen dar. Die Außenhaut dieser sehr steifen und dabei leichten Elemente besteht aus Metallfolien, Kunststoff oder Holz.

9.2.7 Metallisieren von Kunststoffen

Nach den Arbeitsmethoden der Galvanotechnik kann man Kunststoffe mit einer festhaftenden Metalloberfläche beliebiger Dicke versehen.

Stromlose Verfahren

Bei Schichtdicken < 1 μm können Kunststoffe im Hochvakuum mit Aluminium, Kupfer, Silber oder Gold bedampft werden.

Als chemische Verspiegelung bezeichnet man ein Verfahren, bei dem auf die gereinigte und sensibilisierte Kunststoffoberfläche mit einer Zweikomponenten-Spritzpistole eine Silbersalzlösung und ein Reduktionsmittel aufgesprüht wird. Bei Vereinigung der beiden Komponenten scheidet sich ein Silberfilm ab.

Für beide Verfahren ergeben sich Anwendungsmöglichkeiten für optische und dekorative Effekte: Reflektoren, reflektierende Folien, Rückstrahler.

Galvanische Verfahren

Einsetzbar für Schichtdicken über 10 μm. Durch Beizen der Oberfläche erhält man ein submikroskopisches System von Kanälen und Kavernen, in dem sich nach anschließender Aktivierung die aus einem stromlosen Metallisierungsbad abgeschiedene, etwa 0,5 μm dicke Leitmetallschicht fest verankert. Auf dieser Schicht kann dann nach den in der Galvanotechnik üblichen Methoden eine Metallauflage beliebiger Art und Dicke niedergeschlagen werden. Wie bei der Metallgalvanisierung wird im allgemeinen Kupfer, Nickel und Chrom in dieser Reihenfolge abgeschieden.

10 Werkstoffprüfung

Die Werkstoffeigenschaften lassen sich aus dem Ergebnis von Werkstoffprüfungen herleiten. Neben der chemischen Untersuchung der Werkstoffzusammensetzung spielen dabei folgende Verfahren eine Rolle (die Verfahren werden nur kurz skizziert):

10.1 Prüfverfahren ohne Zerstörung des Werkstoffs

1. *Prüfung mit Röntgen- und γ-Strahlen*
   Bestimmung von Rissen, Poren, Lunkern und anderen Fehlstellen in Schweißnähten, Guß- und Schmiedeteilen.
2. *Prüfung mit Ultraschall*
   Feststellung der gleichen Fehler wie mit Röntgen- und γ-Strahlen, zusätzlich von Doppelungen und sicherere Rißbestimmung. Ortung von Fehlern möglich, Wanddicken-messung.
3. *Prüfung mit magnetischen Methoden*
   Untersuchung von magnetisierbaren Werkstoffen auf Oberflächenrisse durch Magnet-pulverprüfung. Prüfung von ferromagnetischen und nicht ferromagnetischen Werk-stoffen mit magnetinduktiven Verfahren.
4. *Prüfung mit Eindringprüfverfahren*
   Bestimmung von Oberflächenrissen, auch an nicht magnetisierbaren Werkstoffen.
5. *Prüfung mit Lecktestgeräten*
   Untersuchung auf Dichtheit von Druck- oder Vakuumbehältern und von Leitungen.
6. *Prüfung mit optischen Hilfsmitteln*
   Lupe, Glasfaseroptik, Licht- und Elektronenmikroskopie.

10.2 Prüfverfahren mit Zerstörung des Werkstückes

10.2.1 Prüfung der physikalischen Eigenschaften

Zum Beispiel Wärmeleitfähigkeit (bei kleinen Teilen zerstörungsfrei möglich), elektrische und magnetische Eigenschaften, Dämpfung usw.

10.2.2 Prüfung der mechanisch-technologischen Eigenschaften

Die hierfür üblichen Verfahren sollen, da sie für den Maschinenbau von besonderer Bedeu-tung sind, etwas eingehender beschrieben werden.

10.2.2.1 Der Zugversuch

Klassisches Prüfverfahren zur Bestimmung der mechanischen Gütewerte von Metallen und Nichtmetallen. Der Zugversuch gehört zu den statischen Festigkeitsprüfungen, bei denen der Werkstoff einer ruhenden oder langsam und stoßfrei anwachsenden Belastung ausgesetzt wird, so daß keine nennenswerten Beschleunigungskräfte auftreten. Es liegt eine einachsige Beanspruchung vor.

Der genormte Zugversuch

Begriffe: DIN 50 145
Probestabformen: DIN 50 125
Proportionalstäbe (Bild 116):

a) kurzer Proportionalstab

Meßlänge $L_0 = 5 \cdot d_0$ (Rundstab mit $d = d_0$)
$\qquad L_0 = 5 \cdot 1{,}13 \sqrt{S_0}$ (Stab mit rechteckigem Querschnitt S_0)
Bruchdehnung: A_5

b) langer Proportionalstab

Meßlänge $L_0 = 10 \cdot d_0$
bzw. $\qquad L_0 = 10 \cdot 1{,}13 \sqrt{S_0}$
Bruchdehnung: A_{10}

Bei Stahl ist A_5 etwa 30 % größer als A_{10}, zurückzuführen auf den verstärkten Einfluß der Einschnürungs- gegenüber der Gleichmaßdehnung.

Übersichtliche Darstellung im Kraft-Verlängerungs- oder *Spannungs-Dehnungs-Schaubild* (Bild 117). Die auf den Ausgangsquerschnitt S_0 des Probestabes (Bild 116) bezogene Beanspruchung

$$\sigma = \frac{F}{S_0} \text{ in N/mm}^2$$

wird als Spannung, die auf die Meßlänge bezogene Verlängerung

$$\epsilon = \frac{L - L_0}{L_0} \cdot 100 \text{ in } \%$$

als Dehnung bezeichnet.

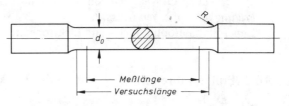

Bild 116 Proportionalstab nach DIN 50 125

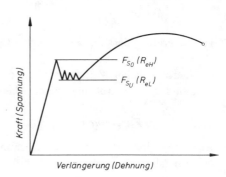

Bild 117
Kraft-Verlängerungs-(Spannungs-Dehnungs-)Diagramm (schematisch)

Die Form der Spannungs-Dehnungs-Kurve ist für die verschiedenen metallischen und nichtmetallischen Werkstoffe unterschiedlich. Bei Stahl findet man zunächst einen linearen Anstieg der Kurve, d.h. Proportionalität von Spannung und Dehnung. Es gilt das Hookesche Gesetz

$$\sigma = \epsilon \cdot E,$$

wobei $E = \frac{\sigma}{\epsilon}$ als Elastizitätsmodul bezeichnet wird. Für Stahl gilt

$$E = 2,1 \cdot 10^5 \text{ in Nmm}^{-2}$$

Im Bereich der Hookeschen Geraden liegt elastisches Verhalten vor, d.h. bei Entlastung federt der Stab auf seine Ausgangslänge zurück. Oberhalb des proportionalen Spannungsanstiegs bleibt nach Entlastung eine Restdehnung zurück, der Werkstoff wurde also auch plastisch verformt, und die Dehnung setzt sich aus einem elastischen und einem plastischen Anteil zusammen:

$$\epsilon = \epsilon_e + \epsilon_p$$

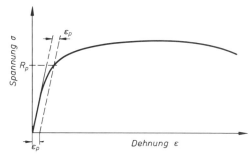

Bild 118

Spannungs-Dehnungs-Diagramm von Cu, Al, Pb (schematisch)

Bei Metallen wie Cu, Al oder Pb steigt der plastische Anteil zunächst langsam, dann rasch an (Bild 118). Bei Stahl tritt nach anfangs vorwiegend elastischer Verformung Fließen (starke plastische Verformung) ein, während die Spannung konstant bleibt oder sogar etwas absinkt. Beim stetigen Übergang vom elastischen zum plastischen Bereich gemäß Bild 118 werden *Dehngrenzen,* beim unstetigen Übergang wie in Bild 117 wird die *Streckgrenze* bestimmt. Zur Kennzeichnung einer *Dehngrenze* wird das Kurzzeichen R_p durch die Angabe des Zahlenwertes der nichtproportionalen, also plastischen Dehnung in % ergänzt. Meist wird die 0,2 %-Dehngrenze $R_{p\,0,2}$ gewählt, bei der die bleibende Dehnung $\epsilon_p = 0,2$ % ist.

Die *Streckgrenze* ist der Spannungswert, bei dem mit zunehmender Dehnung die Spannung erstmals gleichbleibt oder abfällt. Tritt ein merklicher Abfall der Spannung auf (Bild 117), so wird zwischen der oberen und der unteren Streckgrenze R_{eH} und R_{eL} unterschieden. Wenn wie in Bild 117 nach starker Reckung die Spannung wieder ansteigt, hat sich der Werkstoff verfestigt (*Kaltverfestigung*). Gleichzeitig kommt es zu einer zunächst gleichmäßigen Querschnittsverminderung im Bereich der Stablänge (soweit der Stabquerschnitt konstant ist). Die dabei auftretende *Gleichmaßdehnung* A_g ist definiert als die auf die Anfangsmeßlänge L_0 bezogene nichtproportionale Verlängerung ΔL_{pm} bei Beanspruchung der Zugprobe durch die Höchstkraft F_m:

$$A_g = \frac{L_{pm} - L_0}{L_0} \cdot 100 \text{ in } \%$$

Erst nach Erreichen der Höchstlast F_m entsprechend der auf den Anfangsquerschnitt S_0 bezogenen *Zugfestigkeit*

$$R_m = \frac{F_m}{S_0} \text{ in Nmm}^{-2}$$

konzentriert sich die Querschnittsverminderung auf eine Stelle (Einschnürung), an der dann auch der Bruch eintritt. Die im Einschnürungsbereich bestimmte Dehnung ist dementsprechend als *Einschnürungsdehnung,* die Dehnung beim Bruch als *Bruchdehnung*

$$A = \frac{L_u - L_0}{L_0} \cdot 100 \text{ in \% (mit } L_u = \text{Meßlänge nach dem Bruch)}$$

und die größte auf den Anfangsquerschnitt S_0 bezogene bleibende Querschnittsabnahme ΔS nach dem Bruch als *Brucheinschnürung*

$$Z = \frac{S_0 - S_u}{S_0} \cdot 100 \text{ in \%}$$

zu bezeichnen.

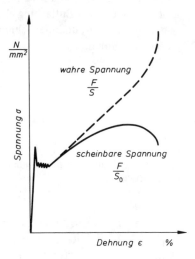

Bild 119
Wahres Spannungs-Dehnungs-Diagramm
(weicher Stahl)

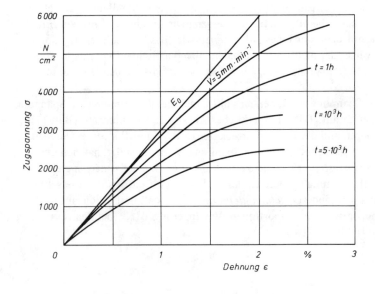

Bild 120
Isochrone Spannungs-
Dehnungs-Diagramme von
PVC [31]

Bezieht man die Belastung nicht auf den Ausgangs-, sondern den jeweils vorhandenen Querschnitt, was meßtechnisch schwierig ist, so erhält man die „wahre Spannung" und im Augenblick des Bruches die *Reißfestigkeit*

$$\sigma_R = \frac{F_B}{S} \text{ (Bild 119)} \qquad (F_B \text{ Last beim Bruch des Stabes})$$

Isochrone σ-ϵ-Diagramme für PVC (Polyvinylchlorid) zeigt Bild 120. Hier spielen Temperatur und Belastungszeit(-geschwindigkeit) eine wichtige Rolle. Anstelle des E-Moduls läßt sich ein Ursprungstangentenmodul E_0 definieren.

Die im Zugversuch bestimmten mechanischen Gütewerte sind also:

Zugfestigkeit $\qquad R_m = \dfrac{F_m}{S_0}$ in Nmm^{-2}

Obere Streckgrenze $\quad R_{eH} = \dfrac{F_{SO}}{S_0}$ in Nmm^{-2}

$\qquad\qquad\qquad\qquad\qquad\qquad\qquad$ (vgl. Bild 117)

Untere Streckgrenze $\quad R_{eL} = \dfrac{F_{SU}}{S_0}$ in Nmm^{-2}

0,2-Dehngrenze $\qquad R_{p0,2} = \dfrac{F_{p0,2}}{S_0}$ in Nmm^{-2} (vgl. Bild 118)

Bruchdehnung $\qquad A = \dfrac{L_u - L_0}{L_0} \cdot 100$ in %

Brucheinschnürung $\quad Z = \dfrac{S_0 - S_u}{S_0} \cdot 100$ in %

Streckgrenzenverhältnis $R_e/R_m \cdot 100$ bzw. $R_p/R_m \cdot 100$ in %.

Einen gewissen Hinweis auf die Verformungsfähigkeit des Werkstoffs erhält man aus der Betrachtung der *Bruchfläche* (Bild 121).

Spröder Werkstoff: Bruchfläche eben und senkrecht zur Beanspruchungsrichtung verlaufend, als Folge von Normalspannungen. Trennbruch mit teilweise grobkristallinen Spaltbrüchen.

Zäher Werkstoff: Bruchflächen teilweise im Winkel von 45° zur Beanspruchungsrichtung verlaufend, als Folge des Gleitens unter dem Einfluß von Schubspannungen. Verformungsbruch.

Bild 121 Bruchformen. a) Sprödbruch, b) Scherbruch, c) Mischbruch, d) Mischbruch, e) Duktiler Bruch

Die maximale Schubspannung tritt unter einem Winkel von 45°
zur Beanspruchungsrichtung auf, denn (Bild 122):

$$\tau = \frac{F \cdot \cos\alpha}{\dfrac{S}{\sin\alpha}} = \frac{F}{S} \sin\alpha \cos\alpha = \frac{1}{2} \frac{F}{S} \sin 2\alpha$$

τ_{max} für $2\alpha = 90°$ oder $\alpha = 45°$ $(\sin 2\alpha = 1)$

$$\tau_{max} = \frac{1}{2} \frac{F}{S} = \frac{\sigma}{2}$$

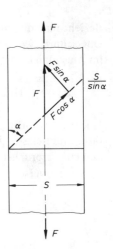

Bild 122

Kräftegeometrie am Zugstab
(Blechdicke d = 1)

Bei polierten Stäben treten *Lüderssche Linien* auf, die unter 45° gegen die Beanspruchungsrichtung geneigt sind, sie weisen also in die Richtung der maximalen Schubspannung. Diese
Fließlinien sind auf bevorzugtes Gleiten in diesen Richtungen zurückzuführen.

Abschätzung der Querkontraktion

Man denke sich einen Würfel mit der Kantenlänge a einem einachsigen Zugversuch in
z-Richtung unterworfen (Bild 123). Dann sind die neuen Längen in den drei Richtungen:

z-Richtung: $a + da$

y-Richtung: $a - \nu \cdot da$

x-Richtung: $a - \nu \cdot da$

ν ist dabei die Poissonsche Querkontraktionszahl, die hier grob abgeschätzt werden soll.
Bei Volumengleichheit gilt

$$a^3 = (a + da)(a - \nu \cdot da)^2$$
$$a^3 = a^3 + a^2\, da\,(1 - 2\nu) + \nu\, a\, da^2\,(\nu - 2) + \nu^2 da^3$$
$$0 = a^2\, da\,(1 - 2\nu) + \nu\, a\, da^2\,(\nu - 2) + \nu^2 da^3$$

Bei nicht zu großen Verformungen sind die Glieder mit da^2 und da^3 gegenüber dem Rest-
glied klein und werden vernachlässigt. Dann ist $0 = a^2 \cdot da\,(1 - 2\nu)$ und $\nu = 0,5$. Tabelle 39
zeigt ν für einige Metalle.

Tabelle 39 Die Poissonsche Querkontraktionszahl ν

Metall	Stahl	Pb	Al	Cu	Mg	Zn
ν	0,3	0,44	0,34	0,35	0,28	0,25

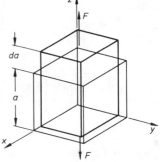

Bild 123

Verformung eines einachsig
zugbeanspruchten Würfels

Verfestigung

Ist ein Metall durch eine Last F_1 oberhalb R_e plastisch verformt worden, so ist eine größere Last F_2 erforderlich, um eine weitere plastische Verformung zu ermöglichen. Diese für Metalle typische Eigenschaft wird mit Verfestigung bezeichnet. Belastet man einen Stahl über die Streckgrenze hinaus bis σ_1 (Bild 124), so erfolgt die Entlastung entsprechend einer Linie parallel zur Hookeschen Geraden, da lediglich die elastische Verformung rückgängig gemacht wird. Bei erneuter Belastung bewegt man sich auf der gleichen Geraden in umgekehrter Richtung, bis bei σ_1 die elastische Verformung in eine plastische übergeht. Die Streckgrenze ist also angehoben worden, der Fließwiderstand hat sich erhöht. Bei weiterer Verformung bis σ_2, Entlastung und nachfolgender Belastung, findet man die weiter erhöhte Streckgrenze σ_2. Gleichzeitig wird sich der Querschnitt verkleinert haben. Denkt man sich aus einem so kaltverfestigten Stab einen neuen Zerreißstab mit dem Querschnitt S_0' hergestellt und unterwirft ihn einem normalen Zugversuch, so ergibt sich ein Kurvenverlauf gemäß Bild 125. Die ausgeprägte Streckgrenze ist verschwunden, $R_{p0,2}$-Grenze und Zugfestigkeit sind angehoben, die Dehnung gesunken. Dies wird in der Technik ausgenutzt, wenn man Draht kaltzieht, Betonstähle verdrillt, Bleche kaltwalzt.
Am Beispiel der Aluminiumlegierung AlMg4,5Mn ist das Ergebnis einer Kaltverfestigung in Tabelle 40 zusammengefaßt.

Tabelle 40 Festigkeitseigenschaften von AlMg4,5Mn im weichen (w), gepreßten (p) und harten, d.h. kaltgewalzten oder -gezogenen (h) Zustand

Zustand	Festigkeitseigenschaften			
	R_m $N\,mm^{-2}$ mind.	$R_{p0,2}$ $N\,mm^{-2}$ mind.	A_5 % mind.	HB
weich w	270	125	17	60
gepreßt p	270	155	12	60
hart h	300	235	8	85

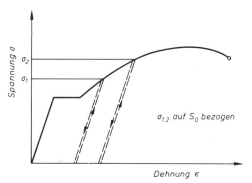

Bild 124 Spannungs-Dehnungs-Diagramm mit Ent- und Belastung im plastischen Bereich

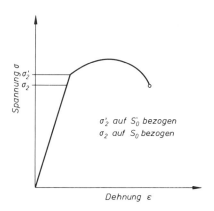

Bild 125 Spannungs-Dehnungs-Diagramm eines mit σ_2 (Bild 124) kaltverfestigten Werkstoffs

Folgerungen aus dem Zugversuch

Brucheinschnürung und Dehnung sind ein Maß für die Verformbarkeit eines Werkstoffes bei statischer Beanspruchung, Streckgrenze und Zugfestigkeit sind ein Maß für die Belastbarkeit. Da in einer Konstruktion im allgemeinen plastische Verformungen unerwünscht sind, setzt man die *zulässigen Spannungen,* die der Konstrukteur zur Berechnung benötigt, nach der Streckgrenze fest (Tabelle 41).

Tabelle 41 Zulässige Spannungen nach DIN 1050 *18 800 T.1 ?*
(Stahl im Hochbau) in Nmm^{-2}

	St 37		St 52	
	Belastungsfall		Belastungsfall	
	H *)	HZ *)	H *)	HZ *)
R_m	$\geqslant 360$		$\geqslant 510$	
R_{eL} (s < 16 mm)	$\geqslant 235$		$\geqslant 355$	
Druck (Knicken) $\sigma_{d\,zul}$	140	160	210	240
Zug (und Druck ohne Knicken) $\sigma_{z\,zul}$	160	180	240	270
Schub τ_{zul}	90	105	135	155

*) H   Ständige Last + Verkehrslast + Schneelast
   HZ H + Windlast, Kräfte aus Wärmeschwankungen, Bremskräfte

Trennfestigkeit

Unter Trennfestigkeit versteht man den Widerstand gegen Bruch beim Fehlen jeglicher plastischer Verformung. Sie ist am glatten Zerreißstab nicht feststellbar. Am Beispiel einer Lötverbindung läßt sich dieser Begriff plausibel machen (Bild 126). Hat der Grundwerkstoff eine höhere Festigkeit als das Lot, so findet man bei einer stumpf gelöteten Verbindung im Zerreißversuch eine Verbindungsfestigkeit, die erheblich oberhalb der Lotfestigkeit liegt. Sie nähert sich der Trennfestigkeit des Lotes, weil dieses durch den benachbarten Grundwerkstoff an einer Verformung (Einschnürung) gehindert wird. Je breiter der Lötspalt (Bild 126), umso geringer ist die Verformungsbehinderung und damit die Verbindungsfestigkeit, bis diese schließlich auf die Lotfestigkeit absinkt. Man wird daher bei Lötungen einen kleinen Spalt von 0,1 ... 0,2 mm anwenden.
Durch Extrapolation der Kurve 1 bis zur Spaltbreite b = 0 erhält man angenähert die Trennfestigkeit des Lotes.

10.2.2.2 *Der Druckversuch* (DIN 50 106)

Der Druckversuch hat eine weit geringere Bedeutung als der Zugversuch. Anwendung bei Werkstoffen, die vorzugsweise auf Druck beansprucht werden: Grauguß, Lagermetalle, Beton. Es handelt sich um eine Umkehrung des Zugversuchs. An die Stelle der Streck-

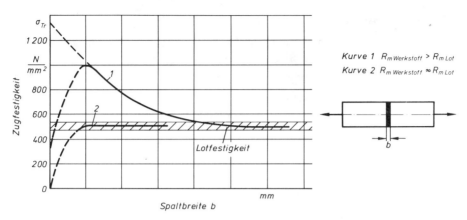

Bild 126 Festigkeit einer Hartlötverbindung als Funktion der Spaltbreite und der Werkstoffestigkeit

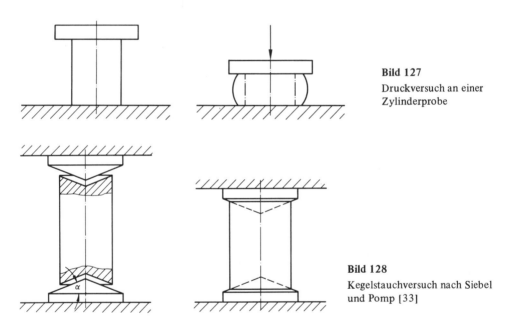

Bild 127
Druckversuch an einer
Zylinderprobe

Bild 128
Kegelstauchversuch nach Siebel
und Pomp [33]

grenze tritt die Quetschgrenze σ_{dF} bei zähen Werkstoffen. Beim Druckversuch eines Zylinders (Bild 127) wird die Verformung im Bereich der Druckplatten durch Reibung behindert. Sie erfolgt vorwiegend in den äußeren Bezirken, während innen ein kegelförmiger Bereich unverformt bleibt („Rutschkegel"). Abhilfe: Herabsetzen der Radial- und Tangentialkräfte durch Schmieren der Druckplatten oder Kegel-Stauchversuch nach *Siebel* und *Pomp* [33] (Bild 128).

tan α = 0,2   Leichte Ausbauchung
tan α = 0,25 Probekörper bleibt zylindrisch
tan α = 0,3   Leichte „Einschnürung"

10.2.2.3 Der Biegeversuch

Keine gleichmäßige Beanspruchung des Querschnitts. Die Spannungsverteilung entspricht bei Belastung durch eine Einzellast Bild 129. Im elastischen Bereich ist

$$\sigma_z = \frac{M_b \cdot e_z}{I} \quad ; \quad \max \sigma_z = \frac{M_b}{W_z}$$

$$\sigma_d = \frac{M_b \cdot e_d}{I} \quad ; \quad \max \sigma_d = \frac{M_b}{W_d}$$

I Trägheitsmoment

W Widerstandsmoment

e Abstand von der neutralen Faser

Bei symmetrischem Querschnitt und isotropem Werkstoffverhalten ist $\sigma_z = \sigma_d$. Fließen beginnt bei Erreichen der Biegegrenze σ_{bF}, die der Streckgrenze im Zugversuch entspricht. Bruch bei Erreichen der Biegefestigkeit σ_{bB}.

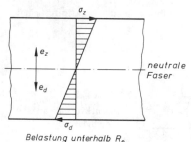

Belastung unterhalb R_e

Belastung oberhalb R_e ohne Werkstoffverfestigung

Bild 129

Spannungsverteilung im Biegestab

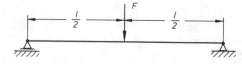

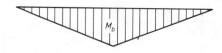

Bild 130

Momentenverlauf bei Träger auf zwei Stützen und Einzellast in der Mitte

Beanspruchung in der Mitte durch Einzellast (Bild 130)

$$M_{b\,max} = \frac{F \cdot l}{4}$$

Anwendung vor allem im Faltversuch an Schweißverbindungen. Ein Maß für die Verformungsfähigkeit der Verbindung ist der erreichte Biegewinkel. Ferner Ermittlung der Biegefestigkeit von Grauguß.

Beanspruchung durch zwei symmetrische Einzellasten (Bild 131)

$$M_{b\,max} = F \cdot b$$

Anwendung, wenn größere Bauteilbereiche einer konstanten Spannung unterliegen sollen.

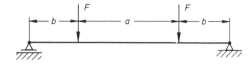

Bild 131
Momentenverlauf bei Träger auf zwei Stützen
und zwei symmetrischen Lasten

10.2.2.4 Die Härteprüfung

Härte ist der Widerstand, den ein Stoff dem Eindringen eines Körpers aus einem härteren
Stoff entgegensetzt. Der Prüfkörper wird in den zu prüfenden Werkstoff eingedrückt und
ein teils plastischer, teils elastischer Eindruck erzeugt. Einfluß haben Form und Größe des
eindringenden Körpers und die Art und Höhe der Belastung. Es wird eine Kennziffer ermittelt, die Härtezahl H.

Statische Prüfverfahren: Brinell, Vickers, Rockwell

Dynamische Prüfverfahren: Nur, um Vergleichswerte zu erhalten. Durch Einschlagen eines
Prüfkörpers in die Werkstückoberfläche oder durch Bestimmung der Rücksprunghöhe einer
auf das Werkstück aufprallenden Kugel.

Brinell (DIN 50 351)

Aus der Kraft F und der bleibenden Eindruckfläche O (Kalottenoberfläche) wird die
Brinell-Härte HB bestimmt (Bild 132). Die elastischen Verformungen der Stahlkugel und
der Probe bleiben unberücksichtigt. Die Belastung muß so groß sein, daß d zwischen
0,2 D und 0,7 D liegt (Tabelle 42).

Tabelle 42 Belastungen bei der Brinell-Härteprüfung

Kugel-durch-messer D mm	Eindruck-durchmesser d mm	Prüfkraft N für einen Belastungsgrad $\frac{0,102\,F}{D^2}$				
		30	10	5	2,5	1,25
10	2,0 ... 7,0	29 420	9800	4900	2450	1225
5	1,0 ... 3,5	7 355	2450	1225	613	306,5
2,5	0,5 ... 1,75	1 840	613	306,5	153,2	76,6
1	0,2 ... 0,7	294	98	49	24,5	12,25
Verwendung		Stahl, Stahl-guß	NE-Metalle			
			(CuZn und aus-gehärtete Al-Leg.)	Geglühte Al-Leg.	Lager-metalle	Weiche Werkstoffe, z.B. Blei

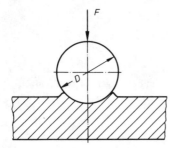
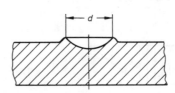

Bild 132
Brinellhärteprüfung
schematisch

Um für die Härte nach Umstellung auf das SI-System unveränderte Zahlenwerte zu erhalten, wird die Prüfkraft mit dem Faktor $\frac{1}{g} = 0{,}102$ multipliziert. Dementsprechend ist

$$\text{Härte HB} = \frac{0{,}102 \cdot F}{A} = \frac{0{,}102 \cdot 2F}{\pi D (D - \sqrt{D^2 - d^2})}$$

Beispiel für die Bezeichnung der Brinellhärte:

275 HB 2,5 / 187,5 / 20

$$\text{Prüfkraft } F = \frac{1}{0{,}102} \cdot 30 \, D^2 = 1840 \, N$$

bei Verwendung einer Kugel mit 2,5 mm Durchmesser, Prüfkraftzahl $1840 \, N \cdot \frac{1}{g} = 187{,}5$.
Belastungszeit: 20 s.
Der *Zeiteinfluß* ist bei der Härteprüfung zu beachten. 10 s sind als normal anzusehen, 30 s werden für sehr weiche Werkstoffe wie Pb, Sn und Zn gewählt.
Fehlermöglichkeiten: Grobes Korn, Textur von Blechen (anisotropes Verhalten, daher unrunder Eindruck).
Zusammenhang zwischen *Zugfestigkeit und Vickers- bzw. Brinellhärte* bei Stahl: Aus der Härte kann angenähert die Festigkeit von Stahl abgeschätzt werden:

$$R_m \approx x_1 \cdot HV \quad \text{bzw.} \quad x_2 \cdot HB \, ,$$

wobei der Faktor x von Festigkeit und Streckgrenzenverhältnis abhängig ist. Es gilt insbesondere bis $R_m \leqslant 1555 \, Nmm^{-2}$ nach DIN 50150

$$x_1 = 3{,}21$$
$$x_2 = 3{,}38$$

Beispiel: Gemessen sei 195 HB bei einem niedriglegierten Stahl. Dann ist
$R_m \approx 3{,}38 \cdot 195 = 660 \, Nmm^{-2}$.

Vickers (DIN 50 133)

Durch die Kraft F wird im Prüfstück ein der Pyramidenspitze des Diamants entsprechender Eindruck erzeugt (Bild 133). Aus den Diagonalen d in mm berechnet man die Eindruckoberfläche A in mm². Die elastischen Verformungen bleiben unberücksichtigt. Aus F und A erhält man die Vickershärte HV.

Mit $A = \dfrac{d^2}{2 \sin \dfrac{136°}{2}} = \dfrac{d^2}{1,854}$

ergibt sich die Vickershärte zu

$HV = \dfrac{0,102 \cdot F}{A} = \dfrac{0,102 \cdot 1,854 \cdot F}{d^2}$

Bild 133 Vickershärteprüfung

a) Diamantpyramide

b) Eindruck

Eindruckdiagonale $d = \dfrac{d_1 + d_2}{2}$ (Bild 133).

Prüfkräfte:

Normal: 49...980 N (für gehärtete Teile) z.B. HV 5 bis HV 100
Kleinlasthärte: 1,96...49 N (für Härteverläufe) z.B. HV 0,2 bis HV 5
Mikrohärte: < 1,96 N (für Gefügebestandteile) z.B. HV 0,1

Rockwell (DIN 50 103)

Es handelt sich um eine Tiefenmessung, das Verfahren unterscheidet sich also von Brinell und Vickers. Die Härtezahlen sind bei der Prüfung über eine Meßuhr mit Rockwell-Skala nach Rockwell-Einheiten ablesbar.
Zeitersparnis, wirtschaftlich, aber ungenauer.
Rockwell-B-Prüfung (ball = Kugel): Belastung durch Stahlkugel mit einer Vorkraft $F_0 = 98 \pm 2\,N$ und einer Zusatzkraft $F_1 = 883\,N$, Summe: $980 \pm 6,5\,N$.
Bezeichnung: HRB, selten angewendet.
Rockwell-C-Prüfung (cone = Kegel): Diamantkegel als Eindringkörper. Vorkraft $F_0 = 98 \pm 2\,N$ und Zusatzkraft $F_1 = 1373\,N$, Summe: $1471 \pm 9\,N$.
Bezeichnung: HRC.
Bild 134 läßt das Prinzip der Rockwell-Härteprüfung erkennen.

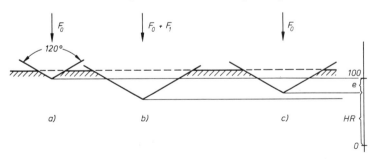

Bild 134 Prinzip der Rockwellhärteprüfung. a) Eindruck unter Vorkraft, b) Eindruck unter Vor- und Prüfkraft, c) verbleibender Resteindruck, Rockwellhärte HRC = 100 − e

Dynamische Härteprüfung

Poldihammer (Bild 135). Die Härteeindrücke in der Vergleichsplatte mit bekannter Härte und im Werkstück werden miteinander verglichen.

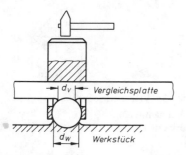

Bild 135

Härteprüfung mit dem Poldihammer

Rücksprung-Härte (Shore-Härte)

Die durch Rückfedern einer auf das Werkstück aufprallenden Kugel gewonnene Arbeit
wird als Maß für die Härte gewählt (heute kaum noch üblich).

10.2.2.5 *Der Kerbschlagbiegeversuch* (DIN 50 115)

Form der Proben siehe Bild 136. Die Kerbe führt zu einer Behinderung der Querverfor-
mung und damit zu einem räumlichen Spannungszustand, der das Auftreten von Trenn-
brüchen durch Anheben der Streckgrenze begünstigt. Im gleichen Sinn wirken eine erhöhte Beanspruchungsgeschwindigkeit (Bild 137) und eine niedrige Beanspruchungs-
temperatur (Bild 138).
Die Kerbschlagbiegeprüfung ist daher geeignet zur Beurteilung der Trennbruchneigung
von Stahl. Prüfung im Pendelschlagwerk (Bild 139) bei unterschiedlichen Temperaturen
zur Bestimmung von Hochlage, Tieflage, Steilabfall bzw. Übergangstemperatur (Bild 140).
Die Übergangstemperatur wird auf verschiedene Weise definiert, z.B. als Temperatur, bei
der eine Kerbschlagzähigkeit von 35 J cm^{-2} erreicht wird. Sie ist kein eindeutiger Werkstoffkennwert, sondern von der Probenform (Kerbschärfe, Probengröße) abhängig. Sie
wird durch Grobkorn, Alterung, Kaltverformung und erhöhte Beanspruchungsgeschwindigkeit zu höheren Temperaturen verschoben.

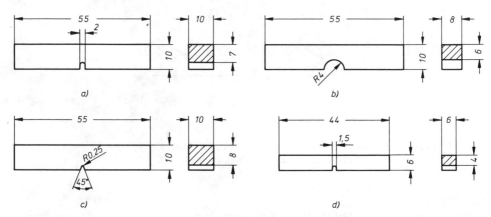

Bild 136 Formen von Kerbschlagbiegeproben. a) DVM-Probe, b) DVMF-Probe, c) ISO-V-Probe,
d) DVMK-Probe

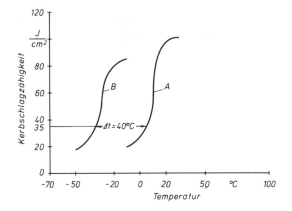

Bild 137

Kerbschlagzähigkeit als Funktion der Beanspruchungsgeschwindigkeit [34]

A Schlaggeschwindigkeit 5000 mm s^{-1}
B Schlaggeschwindigkeit 100 mm s^{-1}

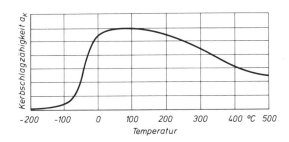

Bild 138

Kerbschlagzähigkeit als Funktion der Temperatur

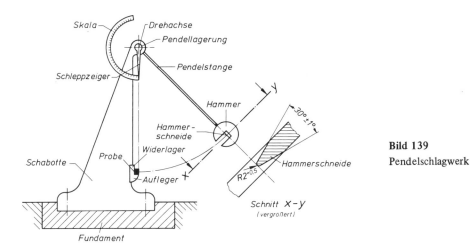

Bild 139

Pendelschlagwerk

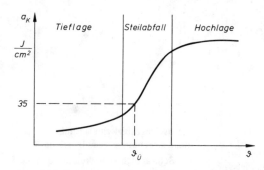

Bild 140
Kerbschlagzähigkeits-Temperaturkurve

Die Geschwindigkeit, mit der die Hammerfinne auf der Probe auftrifft

$$v = \sqrt{2\,gH}$$

beträgt üblicherweise etwa 5 m/s. Die Kerbschlagzähigkeit ist dann

$$a_K = \frac{G\Delta H}{A_0} = \frac{gm\Delta H}{A_0} \text{ in Jcm}^{-2} \text{ und die Schlagarbeit}$$

A_v = $G\Delta H$ = $gm\Delta h$ in J
G = Gewichtskraft des Pendels in N
m = Masse des Pendels in kg
ΔH = Höhendifferenz des Pendels vor und nach dem Schlag in m
A_0 = maßgeblicher Probenquerschnitt in cm²
g = Erdbeschleunigung in ms⁻²
Zur Umrechnung: 1 Nm = 1 J

Die Kerbschlagzähigkeit wurde früher in kpm/cm² angegeben. Nach Umstellung auf das SI-System ergeben sich für die Schlagarbeit in J die folgenden Umrechnungsfaktoren:

Tabelle 43 Umrechnungsfaktoren zur Bestimmung der Kerbschlagzähigkeit

Probenform	Querschnitt am Kerb A_0 cm²	kp m/cm²	kp m	J
DVM	0,7	1 0,1457	0,7 0,102	6,864 1
ISO-Spitzkerb	0,8	1 0,1275	0,8 0,102	7,8453 1
ISO-Rundkerb	0,5	1 0,2039	0,5 0,102	4,90332 1

10.2.2.6 Der Dauerschwingversuch (DIN 50 100, 50 113, 50 142)

Die Beobachtung zeigt, daß ein schwingend beanspruchtes Bauteil bei niedrigerer Beanspruchung bricht als ein statisch beanspruchtes (A. Wöhler, 1866). Das Verhalten eines solchen Bauteils ist demnach nicht nur von der Höhe der Beanspruchung, sondern auch von der Häufigkeit ihrer Wiederholung abhängig.

Wichtig für

Fahrzeuge einschließlich Luftfahrzeuge,

Maschinen mit rotierenden Teilen (Turbinen, Pumpen, Kompressoren, Motoren, Kurbelwellen).

Geräte mit zyklischer Belastung (Krane),

Eisenbahnbrücken (für Straßenbrücken dagegen nimmt man bisher eine vorwiegend ruhende Belastung an).

Bei periodischem Verlauf der Spannungen, wie er auch in der Praxis vielfach vorliegt, pendeln die Spannungswerte zwischen zwei Grenzwerten um eine *Mittelspannung*

$$\sigma_m = \frac{1}{2}(\sigma_0 + \sigma_u),$$

wobei σ_0 den oberen, σ_u den unteren Grenzwert (*Oberspannung, Unterspannung*) darstellt. Der Spannungsausschlag (Amplitude der Schwingung) ist

$$\sigma_a = \frac{1}{2}(\sigma_0 - \sigma_u)$$

Als *Grenzspannungsverhältnis* bezeichnet man

$$s = \frac{\sigma_u}{\sigma_0} = \frac{\min \sigma}{\max \sigma} ; \quad -1 \leqslant s \leqslant 1$$

Verschiedene s-Bereiche der Dauerschwingbeanspruchung sind in Bild 141 dargestellt.

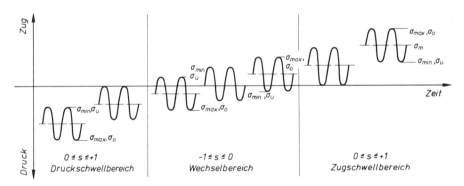

Bild 141 Bereiche der Dauerschwing-Beanspruchung

Arten des Dauerschwingversuchs (Bild 142a–d):

Einfache Biegung, Umlaufbiegung, Zug-Druck, Torsion.

Bestimmung der Dauerschwingfestigkeit durch Aufnahme einer Wöhlerkurve

Jeweils 6 ... 10 gleichwertige Proben werden auf einem Spannungshorizont einer Schwingbeanspruchung unterworfen. Bestimmt werden die *Bruchschwingspielzahlen.*

Ergebnis: Wöhlerkurve (Bild 143). Kommt es auch bei sehr hohen Schwingspielzahlen nicht zum Bruch, so ist die *Dauerschwingfestigkeit* (σ_W im Bild 143) erreicht. Bei höheren Beanspruchungen wird die *Zeitfestigkeit* erreicht. Dieser Wert kann der Berechnung dann zugrundegelegt werden, wenn ein Bauteil auf eine begrenzte Lebensdauer von z.B. 10^4 Schwingspielen zu bemessen ist. Im Bereich sehr niedriger Schwingspielzahlen, wenn die Spannungsspitzen die Streckgrenze überschreiten, spricht man von *Plastoermüdung* oder Low Cycle Fatigue (LCF).

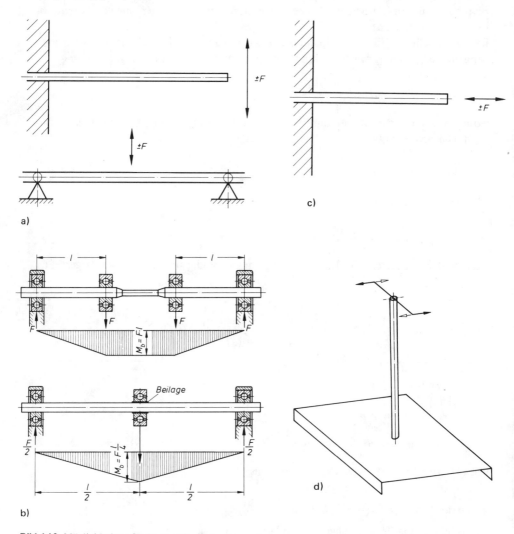

Bild 142 Möglichkeiten für Dauerschwingbeanspruchung

a) Dauerschwingversuch mit einfacher Biegung, oben: Probe einseitig eingespannt, unten: Träger auf zwei Stützen
b) Umlaufbiegung mit Rundproben, oben: unveränderliches Biegemoment über der Prüfstrecke, unten: veränderliches Biegemoment
c) Zug-Druck-Dauerschwingprüfung
d) Torsions-Dauerschwingprüfung

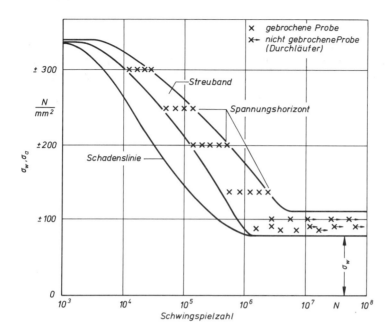

Bild 143
Wöhlerschaubild

Beispiele für Dauerschwingfestigkeitswerte:

σ_W = ± 120 Nmm^{-2} (Wechselfestigkeit)

σ_{zD} = 200 ± 80 Nmm^{-2} (Zugschwellfestigkeit mit Vorspannung σ_m = 200 Nmm^{-2})

Da der Dauerschwingversuch im Bereich der Dauerfestigkeit nicht über beliebig lange Zeiten hinweg durchgeführt werden kann, begrenzt man ihn. Die *Grenzschwingspielzahl* wird so gewählt, daß anzunehmen ist, daß auch bei längerer Belastung kein Bruch mehr erfolgt. Sie beträgt

bei Stahl 10 · 10^6 (im verkürzten Versuch 2 · 10^6) Schwingspiele,
bei Leichtmetallen 100 · 10^6 (im verkürzten Versuch 10 ... 50 · 10^6) Schwingspiele.

Der Einfluß der *Prüffrequenz* ist gering, solange es nicht, wie etwa bei Anwendung sehr hoher Frequenzen, zu unzulässiger Erwärmung kommt.
Bereits vor dem Bruch tritt eine Werkstoffschädigung ein, die durch die *Schadenslinie* gekennzeichnet wird. Auf der anderen Seite läßt sich eine Erhöhung der Dauerschwingfestigkeit durch *Hochtrainieren* erreichen. Dabei führt man einen Mehrstufenversuch durch, beginnend mit Belastungen wenig unterhalb der Dauerfestigkeit und steigert sie in kleinen Stufen nach jeweils einigen 10^6 Schwingspielen. Die dadurch ermöglichte Erhöhung der Dauerfestigkeit wird auf eine Werkstoffverfestigung zurückgeführt; sie kann bei weichen Stählen bis zu 30 % betragen.

Kerbwirkung und Dauerschwingfestigkeit

Betrachtet man einen dünnen, gekerbten Flachstab (Bild 144), so beobachtet man keine gleichmäßige Spannungsverteilung über dem Querschnitt, sondern eine Spannungsspitze σ_{max} im Kerbgrund. Ihre Höhe ist von der Form (Schärfe) des Kerbs abhängig. Ist σ_n die

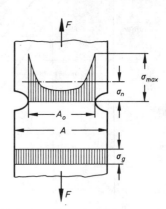

$$\text{Nennspannung} \quad \sigma_n = \frac{F}{A_0}$$

so ergibt sich eine

$$\text{Formzahl} \quad \alpha_k = \frac{\sigma_{max}}{\sigma_n} \quad \text{mit } \alpha_k > 1$$

Bild 144 Spannungsverteilung im gekerbten Flachstab [35]

σ_g Spannung im ungeschwächten Teil
σ_{max} maximale Kerbspannung
σ_n Nennspannung im gekerbten Teil

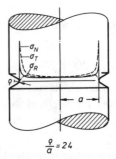

	hohe Nennspannung	kleine Nennspannung
Zug		
einseitige Biegung		
doppelseitige Biegung		
Verdrehung	45°	

$$\frac{\varrho}{a} = 24$$

Bild 145 Spannungsverteilung im gekerbten

Rundstab mit $\frac{\rho}{a} = 24$ [35]

σ_N Normalspannung
σ_T Tangentialspannung
σ_R Radialspannung

Bild 146
Dauerbruchflächen und -formen

Als Kerben wirken in Maschinenteilen Bohrungen, Nuten, Rillen, Absätze, Vorsprünge, Drehriefen, Rostnarben, Walzhaut usw.

Bei größerer Wanddicke, z.B. dem in Bild 145 gezeichneten Rundstab, wirken sich zusätzlich Radial- und Tangentialspannungen σ_R und σ_T aus. Man erhält im Kerbgrund einen zweiachsigen, im Innern des Stabes einen dreiachsigen Spannungszustand. Spannungsspitze und Mehrachsigkeit des Spannungszustandes setzen die Dauerfestigkeit herab, was mit Hilfe einer

$$Kerbwirkungszahl \quad \beta_K = \frac{\sigma_{A\,glatt}}{\sigma_{A\,gekerbt}} \quad mit \ \beta_K > 1 \ (bei \ hohen \ Schwingspielzahlen)$$

beschrieben werden kann.

$\sigma_{A\,glatt}$ Spannungsausschlag der Dauerfestigkeit eines ungekerbten Stabes (Bauteils)

$\sigma_{A\,gekerbt}$ Nennspannungsausschlag der Dauerfestigkeit eines gekerbten Stabes (Bauteils)

Der *Dauerbruch* geht vom Kerbgrund aus. Die Bruchform (Bild 146) wird durch die Höhe der Nennspannung und die Beanspruchungsart bestimmt. Da der Bruch sich nicht stetig ausbreitet, können *Rastlinien, Schwingungslinien* und Scheuerstellen beobachtet werden. Der Restbruch erfolgt als *Gewaltbruch*. Aus der Größe der Restbruchfläche kann die Höhe der Beanspruchung roh abgeschätzt werden.

Dauerfestigkeitsschaubilder

Die Darstellung der durch Wöhlerversuche in verschiedenen Beanspruchungsbereichen gewonnenen Ergebnisse erfolgt in Dauerfestigkeitsschaubildern.

a) *Dauerfestigkeitsschaubild nach Smith*

Bild 147 zeigt ein Zug-Druck-Dauerfestigkeitsschaubild für ungekerbte und gekerbte Probestäbe aus St 37. Dabei werden auf der Abszisse die Mittelspannung σ_m, auf der Ordinate die Grenzspannungen (Oberspannung σ_o, Unterspannung σ_u) aufgetragen. In Höhe der Streck- bzw. Quetschgrenze wird das Schaubild durch eine Horizontale abgeschnitten. Folgende Werte können abgelesen werden:

$$R_{eL} = 240 \ Nmm^{-2}$$
$$\sigma_{Sch} = 220 \ Nmm^{-2}$$
$$\sigma_W = \pm 130 \ Nmm^{-2}$$
$$\sigma_{dSch} = 260 \ Nmm^{-2}$$
$$\sigma_{dS} = 280 \ Nmm^{-2}$$

b) *Dauerfestigkeitsschaubild nach Moore, Kommers, Jasper*

Auftragung der Oberspannung in Abhängigkeit vom Spannungsverhältnis s (Bild 148). Die Mittelspannung wird nicht eingetragen. Sie ergibt sich aus

$$\sigma_m = \frac{\sigma_0}{2} (s + 1)$$

In das Diagramm sind einige zulässige Spannungen (σ_{zul}) eingetragen, die dem Konstrukteur als Grundlage für die Berechnung dienen.

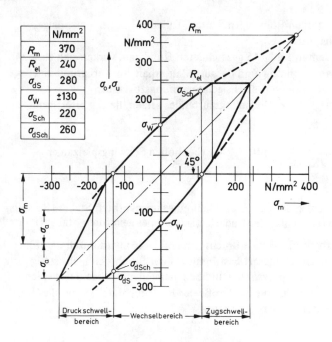

Bild 147 Zug-Druck-Dauerfestigkeitsschaubild nach Smith

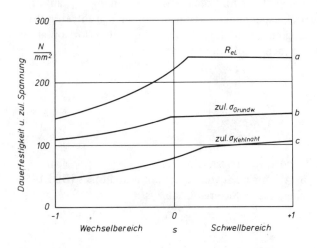

Bild 148
Dauerfestigkeitsschaubild nach
Moore, Kommers, Jasper [36]

a) Dauerschwingfestigkeit des
   Grundwerkstoffes St 37,
b) zulässige Dauerschwing-
   beanspruchung des Grundwerkstoffes nach DV 952,
c) zulässige Dauerschwing-
   beanspruchung für Kehlnähte
   nach DV 952

Gestaltfestigkeit

Gestaltfestigkeit ist die durch die Nennspannung gekennzeichnete Dauerfestigkeit eines *Bauteils* beliebiger Gestalt. Sie ist kein reiner Werkstoffkennwert, sondern eine durch Form, Größe und Bearbeitung beeinflußte Schwingfestigkeit.

Betriebsfestigkeit

Häufig ist die Beanspruchung nicht durch einen sinusförmigen Verlauf gekennzeichnet (Kraftfahrzeug auf unebener Fahrbahn). Es handelt sich in solchen Fällen um unperiodisch schwingende Beanspruchungen, die in regelloser Folge die Größe des Spannungsausschlages ändern (Bild 149). Die unter derartig sich ändernden Lasten ertragbare Beanspruchung ist die Betriebsfestigkeit.

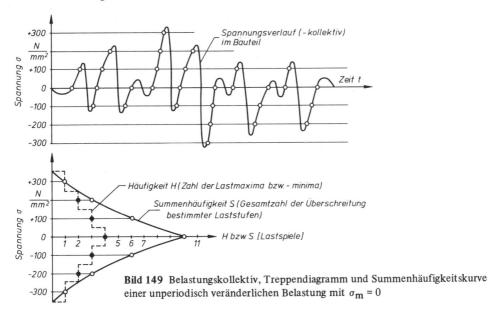

Bild 149 Belastungskollektiv, Treppendiagramm und Summenhäufigkeitskurve einer unperiodisch veränderlichen Belastung mit $\sigma_m = 0$

Bei langzeitiger Beobachtung solcher Belastungen ergeben sich gewisse statistische Gesetzmäßigkeiten, die ihre Darstellung als Belastungskollektive gestatten. Man zeichnet hierfür eine *Häufigkeitskurve* (Bild 149), d.h. die Anzahl der in bestimmten Belastungsstufen, z.B. von 100 zu 100 Nmm^{-2}, registrierten Beanspruchungen (Treppendiagramm). Aus einer grafischen Integration des Treppendiagramms kann man dann eine *Summenhäufigkeitskurve* (Bild 150) gewinnen. Sie gibt an, wie oft eine bestimmte Belastungshöhe überschritten wird. Man kann diese Werte durch Zählwerke, die alle über einem eingestellten Wert liegenden Belastungen zählen, leicht feststellen.

Betriebsfestigkeitsversuch

Das durch die Summenhäufigkeit gekennzeichnete Belastungskollektiv ist auf einer Prüfmaschine meist schwer zu realisieren. Deshalb wird die Summenhäufigkeitskurve durch

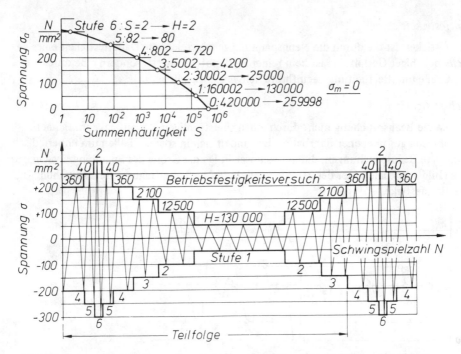

Bild 150 Summenhäufigkeit aus einem Belastungskollektiv und Aufteilung auf Teilfolgen der Belastung im Betriebsfestigkeitsversuch. Stufe = Belastungsstufe, S Summenhäufigkeit, H Häufigkeit

ein zwei- oder mehrstufiges Treppendiagramm ersetzt (Mehrstufenversuch). Der Versuch ist dann von technischem Interesse, wenn die höhere Stufe über, die niedrige unter oder in Höhe der Dauerfestigkeit liegt. Geprüft wird die Lebensdauer (Schwingspielzahl bis zum Bruch).

Da es nicht gleichgültig ist, ob man mit einer hohen oder niederen Belastungsstufe (Hochtrainieren möglich) beginnt, löst man das Kollektiv in kürzere *Teilfolgen* von $5 \cdot 10^3$ bis $5 \cdot 10^5$ Schwingspielen auf, bei denen Anzahl und Höhe der Beanspruchungen im gleichen Verhältnis verteilt sind wie im gemessenen Kollektiv (Bild 150).

Mit dem Teilfolgenumfang von $5 \cdot 10^3$ Lastspielen werden Ergebnisse ermittelt, die mit denen der Zufallsbelastung des tatsächlichen Betriebes vergleichbar sind.

Die Ergebnisse des Betriebsfestigkeitsversuches können ähnlich dem Wöhlerversuch in einem Spannungs-Lebensdauer-Schaubild dargestellt werden (Bild 151). Die Lebensdauerlinie ergibt sich aus den Versuchspunkten dadurch, daß die größte Beanspruchung eines Teilfolgenumfanges über der bis zum Bruch ertragenen Schwingspielzahl aufgetragen wird.

Einfluß von Eigenspannungen auf die Dauerfestigkeit

Druckeigenspannungen im Bereich von Kerben (rauhe Oberfläche) vermindern örtliche Spannungsspitzen und erhöhen damit die Dauerschwingfestigkeit. Durch Oberflächendrücken, Einsatzhärten und Nitrieren läßt sich aus diesem Grund eine erhöhte Dauerschwingfestigkeit erzielen.

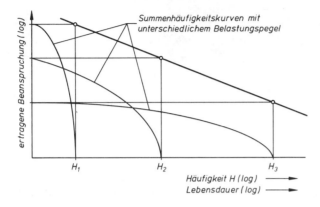

Bild 151

Spannungs-Lebensdauer-Schaubild
des Betriebsfestigkeitsversuches [37]

Zugeigenspannungen in Kerben führen u. U. bereits nach wenigen Lastspielen zu Mikrorissen, als deren Folge die Dauerschwingfestigkeit erniedrigt wird. Bei glatten Stäben dagegen ergibt sich kein wesentlicher Einfluß, weil durch plastische Verformung ein Spannungsabbau erfolgt.

10.2.2.7 Der Zeitstandfestigkeitsversuch

Wird ein Werkstoff bei höherer Temperatur mit konstanter Last beansprucht (Bild 152), so beginnt er zu fließen („Kriechen", höhere Temperatur kann auch Raumtemperatur sein. Beispiel: Blei). Ein so belasteter Stab verlängert sich mit der *Kriechgeschwindigkeit*

$$v_k = \frac{d\epsilon}{dt}$$

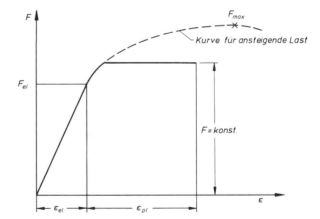

Bild 152
Kraft-Dehnungsschaubild bei
Langzeitbelastung im über-
elastischen Bereich

Je nach Werkstoff, Beanspruchung und Temperatur lassen sich drei Fälle unterscheiden:
a) $v_k = 0$. Es tritt kein Kriechen ein.
b) $v_k > 0$. Der Werkstoff kriecht, die Kriechgeschwindigkeit geht jedoch im Laufe der Zeit auf Null zurück.
c) $v_k > 0$. Die Kriechgeschwindigkeit geht nicht auf Null zurück und der Stab bricht, u. U. nach Jahren. Gegen Ende eines Zeitstandversuches wächst v_k wegen der sich ausbildenden Querschnittsverkleinerung.

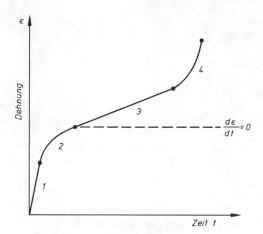

Bild 153

Kriechkurve mit vier verschiedenen Bereichen
(Bereich 1 ist in der t-Richtung stark verzerrt
gezeichnet)

Der Zeitstandversuch mit verkürtzer Versuchsdauer ist interessant für Bauteile, die höheren Betriebstemperaturen ausgesetzt sind. Das ist im Kesselbau, bei Gasturbinen, Motoren,
Strahltriebwerken der Fall. Bei Stahl muß ab 300 °C mit einem Kriechen gerechnet werden.

In Bild 153 ist die Verformung in Abhängigkeit von der Zeit aufgetragen (Kriechkurve).
Dabei ergeben sich folgende Bereiche:

1. Belastungsdehnung: Elastische und plastische Verformung als unmittelbare Folge
                          der Belastung. Kein Kriechen.

2. Primäres Kriechen: $\dfrac{d\epsilon}{dt} \to 0$

3. Sekundäres Kriechen: $\dfrac{d\epsilon}{dt} = \text{const.}$

4. Tertiäres Kriechen: $\dfrac{d\epsilon}{dt} \to \infty$, Schädigung eingetreten.

Zeitstandversuch, vgl. DIN 50 118

In Bild 154 ist die Auswertung von Kriechkurven vorgenommen worden, die dem Konstrukteur Kennwerte liefert, welche er für die Berechnung benutzen kann:

$\sigma_{B/1000}$ $= 270\ \text{Nmm}^{-2}$ Beanspruchung, bei welcher ein Bruch nach 1000 h
                      eintritt. (Temperatur = const.) = *Zeitstandfestigkeit.*

$\sigma_{0,5/10\,000} = 120\ \text{Nmm}^{-2}$ Beanspruchung, bei welcher nach 10 000 h eine bleibende
                      Dehnung von 0,5 % gemessen wird = *Zeitdehngrenze.*

Für Turbinenschaufeln wird z.B. die Forderung gestellt, daß $v_k = \text{const.} \leqslant 10^{-6}\%/\text{h}$ ist.
Das entspricht einer Dehnung

$\epsilon = 10^{-3}$ % in 1000 h
$\epsilon = 10^{-2}$ % in 10 000 h
$\epsilon = 0,1$ % in 100 000 h = 11 Jahren

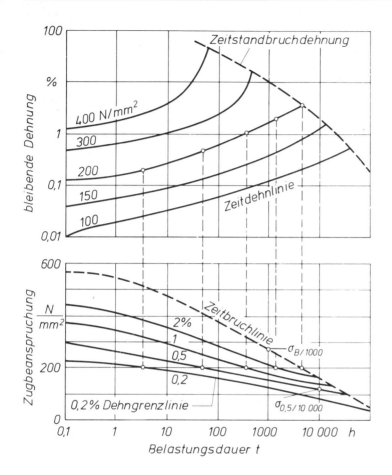

Bild 154

Auswertung des
Zeitstandversuches

11 Verarbeitung metallischer Werkstoffe

Tabelle 44 enthält ein Ordnungssystem für die Fertigungsverfahren in Anlehnung an DIN 8580. Es soll der Übersicht dienen, wird den folgenden Betrachtungen jedoch nicht zugrundegelegt.

11.1 Warmformgebung

11.1.1 Werkstoffverhalten beim Umformen

Temperaturbereiche für die Warmformgebung von Stahl:

weicher Stahl	1100 ... 1200 °C (Weißglut)
harter Stahl	1000 ... 1100 °C (Gelbglut)
untere Erwärmungsgrenze	800 ... 900 °C (Rotglut)

Eine unzweckmäßige Wärmeführung kann die Eigenschaften des Walzgutes beeinträchtigen:

Überhitzung. Wird Stahl längere Zeit bei hohen Temperaturen gehalten, so kommt es zu Grobkornbildung und bei Luftzutritt zu Entkohlung und Verzunderung.

Verbrennen. Bei Temperaturen oberhalb 1200 °C beginnt eine Oxydation auf den Korngrenzen, die nicht rückgängig gemacht werden kann.

Blaubruch. Bei einer Verformung im Bereich von 300 ... 500 °C kann es infolge verminderter Verformbarkeit zu Rißbildung kommen.

Andererseits ergibt sich bei richtig durchgeführter Warmformgebung eine Qualitätsverbesserung durch Einstellung gleichmäßigerer Werkstoffeigenschaften: Erhöhte Dichte (z.B. durch Verschweißen von Gasblasen), verbesserte Zähigkeit, günstigere Gefügeausbildung.

Nach der Schubspannungshypothese tritt dann Fließen, d.h. plastische Verformung ein, wenn die Differenz zwischen größter und kleinster Hauptspannung gleich der Formänderungsfestigkeit k_f des Werkstoffes ist, also wenn

$$\sigma_1 - \sigma_3 = k_f \quad \text{(TRESCA-Fließkriterium)}$$

mit $\sigma_1 > \sigma_2 > \sigma_3$. Man nimmt dabei an, daß die mittlere Spannung σ_2 ohne Einfluß auf den Eintritt des plastischen Zustandes ist. Die *Formänderungsfestigkeit* k_f ist eine Werkstoffkenngröße, abhängig von der Temperatur, der Formänderungsgeschwindigkeit und der Formänderung φ. Sie stellt also die zur plastischen Formänderung erforderliche Spannung dar. Berücksichtigt man die Verluste (Reibung) durch den Formänderungswirkungsgrad η_F, so ist der *Formänderungswiderstand*

$$k_w = \frac{1}{\eta_F} \cdot k_f$$

Tabelle 44 Ordnungssystem „Fertigungsverfahren" DIN 8580

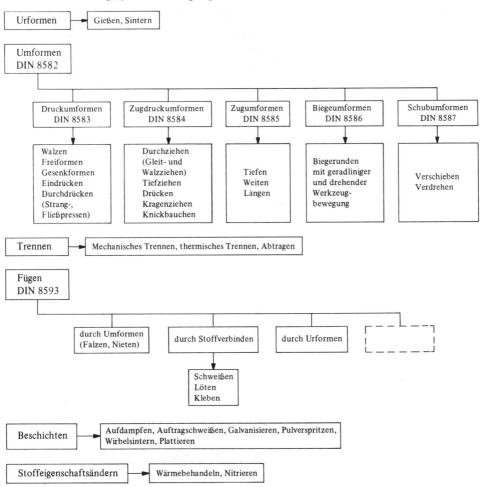

Aus Bild 155 kann man entnehmen, daß der Formänderungswiderstand mit wachsender Formänderungsgeschwindigkeit stark zunimmt. Dies spielt eine Rolle, wenn man etwa das Pressen mit dem Schmieden vergleicht.

Geht man davon aus, daß beim Stauchen eines Rechtkants keine Volumenänderung auftritt, so bedeutet dies bei den Abmessungen

Rechtkant vor dem Stauchen: h_0, l_0, b_0
Zwischenform: h, l, b
Endform: h_1, l_1, b_1

daß das Volumen

$$V = h_0 l_0 b_0 = h l b = h_1 l_1 b_1 = \text{konst}$$

oder

$$\frac{h_1 l_1 b_1}{h_0 l_0 b_0} = \left(\frac{h_1}{h_0}\right) \cdot \left(\frac{l_1}{l_0}\right) \cdot \left(\frac{b_1}{b_0}\right) = 1$$

$$\ln \frac{h_1}{h_0} + \ln \frac{l_1}{l_0} + \ln \frac{b_1}{b_0} = \varphi_1 + \varphi_2 + \varphi_3 = 0$$

Dabei ist

$$\varphi_1 = \ln \frac{h_1}{h_0} = \text{logarithmische Stauchung}$$

$$\varphi_2 = \ln \frac{l_1}{l_0} = \text{logarithmische Längung}$$

$$\varphi_3 = \ln \frac{b_1}{b_0} = \text{logarithmische Breite}$$

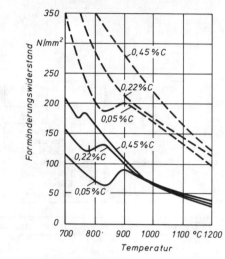

Bild 155 Formänderungswiderstand unlegierter Stähle bei Warmverformung (30 % Stauchung) [7]

und es gilt: Die Summe der logarithmischen Formänderungen in den 3 Hauptrichtungen ist bei der bildsamen Formgebung gleich Null. In Bild 156 ist die Abhängigkeit der Formänderungsfestigkeit k_f von der logarithmischen Stauchung für verschiedene Werkstoffe dargestellt. Die *Fließkurven* wurden im Zylinderstauchversuch aufgenommen. Sie kennzeichnen die Verfestigungsneigung der Werkstoffe bei plastischer Verformung im Bereich der Raumtemperatur.

In guter Annäherung gilt

$$k_f = \alpha \cdot \varphi^n$$

mit α, n als werkstoffabhängigen Konstanten.

Bei doppeltlogarithmischer Auftragung ergeben sich demnach für die Fließkurven Geraden, deren Steigung durch den *Verfestigungsexponenten* n gekennzeichnet ist.

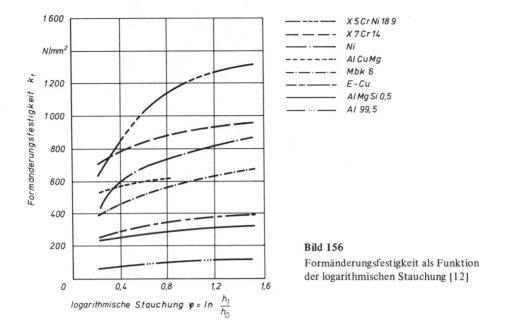

Bild 156
Formänderungsfestigkeit als Funktion
der logarithmischen Stauchung [12]

11.1.2 Verfahren zur Warmformgebung

11.1.2.1 Schmieden

Pressenschmieden

Geeignet für große Formänderungen in einer Stufe. Das Verfahren arbeitet kraftschlüssig.
Man unterscheidet:
Pressen mit unmittelbarem Antrieb (Spindelpressen, Schraubenpressen, Kurbelpressen,
Exzenterpressen) und
Pressen mit mittelbaren Antrieb (hydraulische Pressen), vgl. hierzu Bilder 157–159.

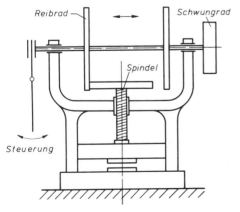

Bild 157
Spindelpresse

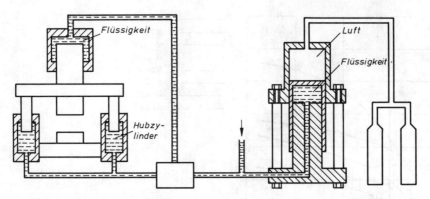

Bild 158 Hydraulische Presse mit hydraulisch-pneumatischem Akkumulator

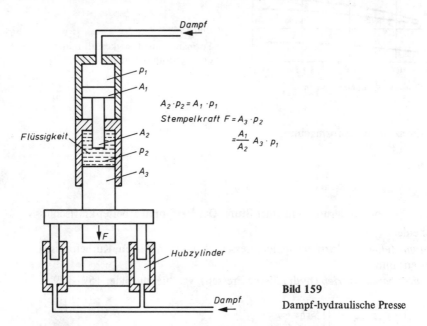

$$A_2 \cdot p_2 = A_1 \cdot p_1$$
$$Stempelkraft\ F = A_3 \cdot p_2$$
$$= \frac{A_1}{A_2}\, A_3 \cdot p_1$$

Bild 159
Dampf-hydraulische Presse

Hammerschmieden

Die Formgebung erfolgt in mehreren Stufen. Man verwendet das Freiformschmieden für Einzelfertigung und kleinere Serien, das Gesenkschmieden für die Massenfertigung.

Lufthammer. Heute sehr gebräuchlich. Doppelwirkung (Bild 160), da Unter- und Überdruck den Bär in Bewegung setzen. Bärmasse: 40–3000 kg, ca. 200 Schläge pro Minute.

Dampfhammer. Der Dampfhammer benötigt ein umfangreiches Fundament, um die Energieverluste klein zu halten (geringe Erschütterung der Umgebung). Früher benutzte man Dampfhammer mit einer Bärmasse bis zu 50 t, die heutigen Hämmer sind wesentlich leichter (Bild 161).

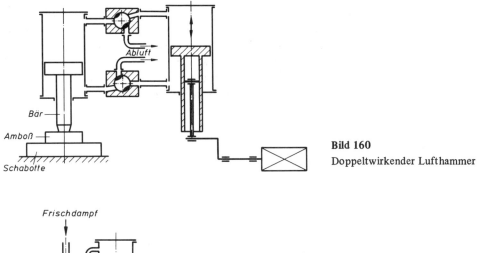

Bild 160
Doppeltwirkender Lufthammer

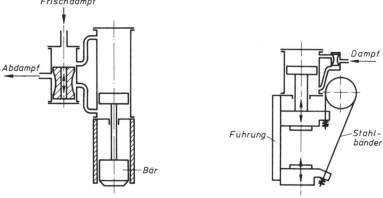

Bild 161 Dampfhammer   **Bild 162** Gegenschlaghammer

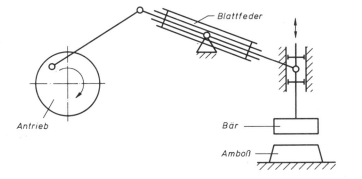

Bild 163 Federhammer

Gegenschlaghammer. Die beim Schlagen auftretenden Kräfte müssen nicht unbedingt in ein Fundament geleitet, sondern können durch ein gegenlaufendes Teil abgefangen werden (Bild 162).

Federhammer. Ein zwischengeschaltetes Federpaket verhindert, daß die Hammergeschwindigkeit im Totpunkt der Kurbel gleich Null wird. Federhämmer sind bei kleinen Bärmassen bis zu 300 kg zum Strecken dünner stabartiger Teile geeignet (Bild 163).

Fallhammer. Eine kleine bis mittelgroße Bärmasse wird auf das Werkstück fallengelassen. Für Forschungszwecke sehr brauchbar, da das Arbeitsvermögen genau bestimmt werden kann. Auch in der Fertigung, vor allem für Gesenkschmiedearbeiten, anzutreffen (Riemenfallhammer, Brettfallhammer).

Die nachstehende Tabelle 45 gibt in Form einer Gegenüberstellung einige kennzeichnende Unterschiede zwischen Hammer- und Pressenschmieden wieder.

Tabelle 45 Hammer- und Pressenschmieden

	Hammerschmieden	Pressenschmieden
Werkstückmasse	< 700 kg	> 700 kg
Art der Krafteinleitung	dynamisch	statisch
Verformungsgeschwindgkeit	hoch	niedrig
Energieverlust durch Verformung von Schabotte und Fundament	ca. 40 %	gering
Krafteinwirkungsdauer	kurz	beliebig
Tiefenwirkung	gering	groß
Anwendung	Gesenkschmieden und Freiformschmieden kleinerer Teile	Freiformschmieden großer Teile
Besonderheiten	leichtes Abspringen des Zunders, glatte Oberfläche, gutes Ausfüllen des Gesenkes	kleinere Fundamente, geringere Erschütterungen

Technik des Schmiedens

Einige Hinweise auf das zweckmäßige Gestalten von Formschmiedeteilen gibt Bild 164. Zu tiefe Vorsprünge und Hinterschneidungen sind beim Gesenkschmieden zu vermeiden, scharfkantige Übergänge zu runden und der Grat, falls möglich, für Rippen auszunutzen. Schrägen, um das Schmiedeteil leicht aus dem Gesenk nehmen zu können.

Die Gesenke bestehen aus Stahl oder Stahlguß, besonders hochwertige aus legiertem Warmarbeitsstahl. Durch Beheizung läßt sich ihre Lebensdauer erhöhen (geringere Temperaturschwankungen).

11.1.2.2 Warmwalzen

Der überwiegende Teil der Stahlwerksprodukte wird im Walzwerk zu Blechen, Profilstahl, Stabstahl und Draht weiterverarbeitet.

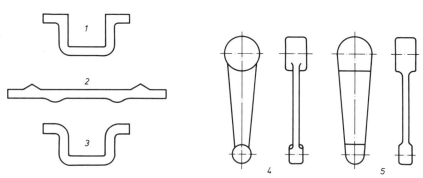

Bild 164 Gestaltung von Freiformschmiedeteilen [13]
(Form 1 ungünstig, da Vorschmieden nach 2 erforderlich, 3 richtig gestaltet aus Flachstahl,
4 ungünstig, rundes Auge mit abgesetztem Hebel schwierig, 5 günstige Gestaltung)

Walzwerköfen

Tieföfen

Sie heißen so, weil sie unter Flur angeordnet sind. Der vom Stahlwerk kommende Block
wird gleich nach dem Gießen in den Ofen abgesenkt.

Stoßöfen (Flammöfen)

Sie sind über Flur angeordnet und für kleine Blöcke vorgesehen. Diese werden aus dem
kälteren Ofenteil in den heißeren durchgestoßen.

Walzwerk

Das Walzwerk besteht aus Walzgerüsten, die zur Walzstraße zusammengestellt werden.

Walzgerüste (Bild 165) sind z.B.:

Horizontal-Zweiwalzengerüst. Ungünstig, wenn der Rücktransport des Blockes über den
Walzen erfolgt und demnach keine Verformung des Blockes bewirkt. Die obere Walze ist
verstellbar.

Dreiwalzengerüst. Die mittlere Walze ist fest, die anderen sind verstellbar.

Vierwalzengerüst. Wegen der beiden Stützwalzen ist diese Anordnung für hohe Belastung
geeignet.

Universalwalzgerüst. Vor und hinter den Horizontalwalzen sind Vertikalwalzen zur seit-
lichen Begrenzung des Blockes angebracht. Es dient z.B. der Herstellung von I-Profilen.

Walzstraßen (Bild 166)

Umkehrstraße. Ein- oder mehrgerüstige Walzstraße, bei der das Walzgut in mindestens
einem Walzgerüst mehrere Stiche erhält. Nach jedem dieser Stiche wird die Walzrichtung
geändert.

Offene Straße. Walzstraße, bei der mehrere Walzgerüste nebeneinander in einer Achse
angeordnet sind. Alle Gerüste können von einer Seite oder unterteilt von beiden Seiten
angetrieben werden.

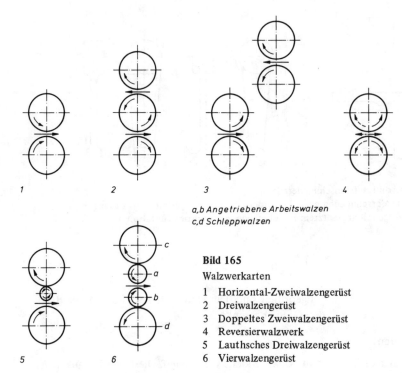

a,b Angetriebene Arbeitswalzen
c,d Schleppwalzen

Bild 165

Walzwerkarten

1 Horizontal-Zweiwalzengerüst
2 Dreiwalzengerüst
3 Doppeltes Zweiwalzengerüst
4 Reversierwalzwerk
5 Lauthsches Dreiwalzengerüst
6 Vierwalzengerüst

Gestaffelte Straße. Walzstraße, bei der mehrere Walzgerüste nebeneinander versetzt angeordnet sind. Der Antrieb kann für jedes Gerüst einzeln oder für mehrere Gerüste gemeinsam vorgenommen werden.

Halbkontinuierliche Straße. Walzstraße, bei der einige Walzgerüste in Linie hintereinander
(kontinuierlich), andere offen oder gestaffelt angeordnet sind.

Vollkontinuierliche Straße. Walzstraße, bei der Vor-, Zwischen- und Fertiggerüste in Linie
hintereinander oder versetzt angeordnet sind und vom Walzgut in einer oder mehreren
Adern kontinuierlich durchlaufen werden, wobei das Walzgut in mehreren Gerüsten gleichzeitig verformt wird.

Schließlich werden Walzstraßen unabhängig von der Art ihres Aufbaues danach bezeichnet, ob sie Vormaterial (*Vorstraße*), Zwischengut (*Zwischenstraße*) oder im letzten Teil
des Walzprozesses auf Fertigmaß auswalzen (*Fertigstraße*).

Walzvorgang

Man bezeichnet beim Walzen mit
Stich den Durchgang durch ein Walzenpaar,
Stichzahl die Anzahl der Stiche,
Vorblocken das Verwalzen eines Rohblockes, wie er vom Vergießen kommt, zum Vor-
block. Dieser ist das Ausgangsmaterial für Halbzeug.

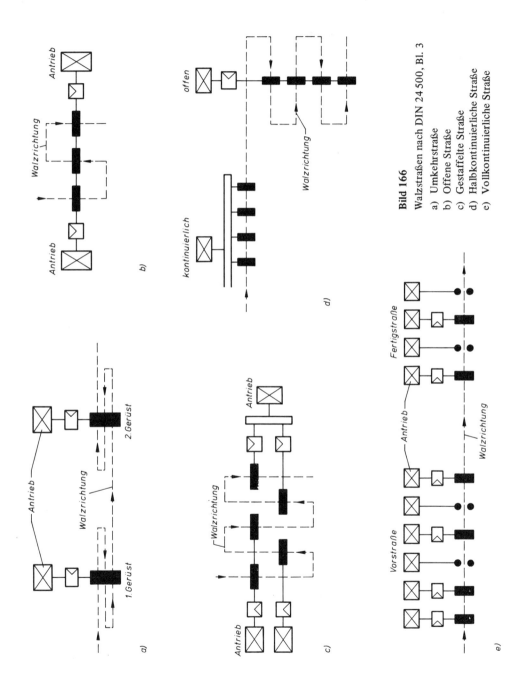

Bild 166

Walzstraßen nach DIN 24 500, Bl. 3

a) Umkehrstraße
b) Offene Straße
c) Gestaffelte Straße
d) Halbkontinuierliche Straße
e) Vollkontinuierliche Straße

Walzen

Stahlwalzen

Geschmiedete Walzen sind geeignet für höchste Beanspruchung, tief eingeschnittene Kaliber und für Stoßbeanspruchung. Die Festigkeit dieser Walzen liegt bei 600 ... 1100 Nmm^{-2}.
Nachteile: Warm- oder Brandrisse möglich.
Bei Stahl als Walzgut kann es bei hohen Temperaturen zu Aufschweißungen kommen (je höher C-Gehalt der Walze, desto geringer ist die Gefahr). Dadurch werden die Walzen beschädigt.
Stahlgußwalzen. Sie haben eine geringere Festigkeit (450 ... 750 Nmm^{-2}), Zähigkeit und Verschleißfestigkeit als geschmiedete Walzen, sind aber billiger als diese. Es gelten die gleichen Nachteile wie für geschmiedete Walzen.
Vorteil für beide Walzenarten: Bei Verschleiß können sie auftraggeschweißt und weiterverwendet werden.

Gußeiserne Walzen

Hartgußwalzen. Sie werden hergestellt, indem man Gußeisen in eine Kokille gießt. Die Außenhaut erstarrt rasch, da sie an der Metallform abgeschreckt wird. So erhält man außen eine harte Schale (Ledeburit, Martensit). Verschweißungen zwischen Gußeisenwalze und Walzstahl treten nicht auf. Die Walzgutoberfläche ist glatt. Anwendung nur für Flachprodukte und kleine Profile.
Nachteil: Die Biegefestigkeit von Hartgußwalzen ist gering.
Graugußwalzen. Herstellung in mit Kokillen ausgelegten Sand- oder Lehmformen führt zu halbharten Walzen, die bei kleinen Walzgutmengen zur Herstellung von schweren Profilen und Grobblechen benutzt werden. Siliziumreiche Gußwerkstoffe werden in Kokillen vergossen, man erhält die „mildharten" Walzen. Hauptanwendungsgebiet: Mittlere Profile.
Walzen aus Gußeisen mit Kugelgraphit. Infolge guter Verformbarkeit auch für höhere Walzenkräfte zu verwenden.

Walzenkaliber

Um Profilquerschnitte herzustellen, benötigt man profilierte Walzenkaliber (Bild 167).

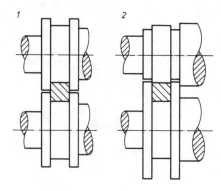

Bild 167
Walzenkaliber
1   offen
2   geschlossen

Offenes Kaliber: Jede Walze stellt eine Hälfte der Form her.
Geschlossenes Kaliber: Das untere greift in das obere Kaliber ein.

Kammwalzen (Bild 168)

Kammwalzen sind Walzenzahnräder mit Pfeilverzahnung, die das Antriebsmoment auf
die obere und mittlere Walze übertragen.

Kleeblatt

Die Kraftübertragung vom Kammwalzengerüst auf die Walzen erfolgt über Kleeblattspin-
deln und entsprechend ausgebildete Muffen gemäß Bild 169.

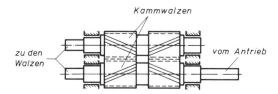

Bild 168 Zweiwalzen-Kammwalzgerüst

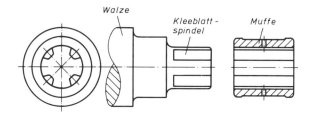

Bild 169 Walze mit Kleeblattspindel

Walzwerkerzeugnisse

Vorbrammen (aus Rohbrammen hergestellt) bis zu 30 t. Sie werden später in einer Breit-
walzstraße weiterverarbeitet.

Knüppel. 50 ... 350 mm □, für Profile, Bänder, Drähte.

Platinen. Vorprodukte für Feinblech.

Formstahl. Normalprofile, Parallelflanschträger, Schienen usw.

Walzdraht. In besonderen Drahtwalzwerken hergestellt. Dabei erhält das Material durch
Längung eine hohe Durchlaufgeschwindigkeit von 40 m/s und mehr.
Drähte bis herunter zu 5 mm ⌀ werden in Warmwalzwerken hergestellt, die Weiterver-
arbeitung geschieht in kaltem Zustand durch Ziehen.

Blech. Grob-, Mittel- und Feinblech, Breit-, Mittel- und Schmalband. Grobbleche > 4,75
mm (Dicke), Mittelblech 3 mm ... 4,75 mm, Feinblech < 3 mm. Breitband 600 ... 2000
mm, Mittelband 100 ... 600 mm, Schmalband 10 ... 100 mm.

Einzugsbedingung

Wenn das Werkstück in den Walzspalt eingezogen werden soll, muß die Einzugsbedingung erfüllt sein, d.h. nach Bild 170

$$\mu N \cos \alpha > N \cdot \sin \alpha \quad \text{oder} \quad \mu > \tan \alpha$$

N   von Walze auf Werkstück wirkende Kraft
μ Reibungskoeffizient

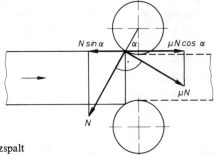

Bild 170
Einzugbedingungen am Walzspalt

Der Winkel α ist abhängig vom Walzendurchmesser und der Dicke des Werkstückes vor und hinter den Walzen.

Fließscheide

Im Walzspalt (Bild 171) bewegt sich das Walzgut mit sich stetig ändernder Geschwindigkeit. Sie kann also nicht gleich der Umfangsgeschwindigkeit der Walzen sein. Die Folge hiervon ist eine Relativbewegung zwischen Walzgut und Walzen, verbunden mit entsprechendem Walzenverschleiß. An einer Stelle des Kontaktbogens sind die Geschwindigkeiten gleich, dort tritt keine Relativbewegung auf.
Die Ebene, in der sich die Richtung des Stoffflusses ändert, wird als *Fließscheide* bezeichnet.
Ist v die Geschwindigkeit, so gilt

vor der Fließscheide:

$v_{Walzgut} < v_{Walze}$

Nacheilzone, Rückstauzone.

Das Walzgut rutscht nach links

hinter der Fließscheide:

$v_{Walzgut} > v_{Walze}$

Voreilzone.

Walzgut rutscht nach rechts.

Die Fließscheide liegt nahe dem Walzgutaustritt.
Bei Volumenkonstanz gilt:

$$A_0 v_0 = A_1 v_1 = A^* v^*$$

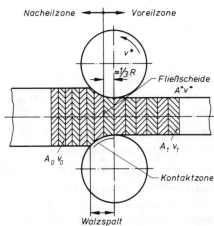

Bild 171 Bezeichnungen beim Walzvorgang

Dabei ist A* der Querschnitt des Walzgutes an der Stelle im Walzspalt, an der die Walzgutgeschwindigkeit gleich der Umfangsgeschwindigkeit v* der Walzen ist.

Umformgrad

Die Verformung des Walzgutes geschieht hauptsächlich durch Längen, weniger durch Breiten.
Stauchgrad = logarithmische Stichabnahme:

$$\ln \varphi_h = \frac{h_A}{h_E} \quad \text{(E Einlauf, A Auslauf)}$$

Meist sind bei starker Verformung mehrere Stiche nötig, da andernfalls Risse im Walzgut auftreten würden. Beim ersten Stich soll $\epsilon \approx 0{,}5$ sein. Am Ende des Walzprozesses ist das Material besser verformbar geworden und ϵ kann höher gewählt werden:

$$\epsilon \approx 0{,}7 \dots 0{,}9$$

Thermomechanische Behandlung

Durch geeignete Wahl von Umformgrad und Endwalztemperatur läßt sich über Rekristallisation ein feinkörniges Gefüge erzielen. Bei mikrolegierten perlitarmen Stählen (sehr niedriger C-Gehalt) gelingt dies z.B. durch hohen Umformgrad bei der relativ niedrigen Endwalztemperatur von 900 °C. Man nennt ein solches Verfahren kontrolliertes Walzen oder thermomechanische Behandlung.

11.1.2.3 Herstellung von nahtlosen Rohren

Die Herstellung nahtloser Rohre erfolgt über zwei Verfahrensschritte, nämlich das Lochen eines Blockes und das Strecken des erzeugten Hohlblockes.

Lochen

Schrägwalzverfahren nach Mannesmann (Bild 172)

Zwei Walzen, die um 3 ... 6° schräg zueinander angeordnet sind, drehen sich im gleichen Drehsinn. Am vorderen Ende der Walzen befinden sich konische Teile, die das Einziehen

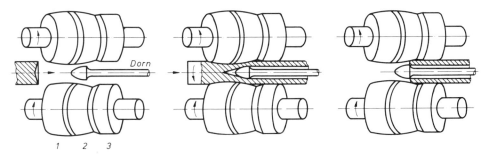

Bild 172 Schrägwalzverfahren nach Mannesmann. 1 Lochungsteil, 2 Querwalzteil, 3 Glättungsteil [14]

des Blockes ermöglichen. Es kommt dabei zu einer Querstauchung des Materials. Die dadurch im Innern auftretenden Zugspannungen bewirken ein Aufreißen des Blockes. Ein eingeführter Dorn unterstützt den Vorgang.

Das Ergebnis ist ein dickwandiger Hohlkörper mit 20 ... 30 mm Wanddicke, dessen Oberfläche noch mit dem Glättungsteil der Walzen geglättet wird.

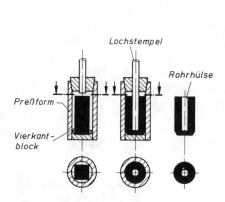

Bild 173 Lochen nach dem Ehrhardt-Verfahren [14]

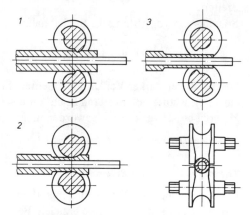

Bild 174 Pilgerschrittwalzen von Rohren [14]
1   Luppe wird gefaßt
2   Ausstreckvorgang
3   Luppe freigegeben zum Vorschieben

Lochen nach dem Ehrhardt-Verfahren (Bild 173)

Das Ausgangsmaterial hat quadratischen Querschnitt und wird in eine runde Form (Gesenk, Matrize) eingesetzt. Von oben her preßt man mit einem runden Dorn ein Sackloch ein, so daß ein unten geschlossener Hohlkörper entsteht.

Gießen von Hohlblöcken

Üblich sind Stahlguß, Schleuderguß oder Strangguß bzw. bei legierten Stählen Vollguß mit anschließendem Bohren.

Strecken

Pilgern (nach Mannesmann, Bild 174)

Es handelt sich um einen Walzschmiedevorgang. Der Hohlblock sitzt auf einem Dorn und wird in zwei Walzen eingeführt, die nur zum Teil kalibriert sind. Der andere Teil der Walzen greift nicht an.

Das Pilgerschritt-Verfahren kann für lichte Weiten der Rohre bis zu 600 mm verwendet werden. Die Leistung einer solchen Anlage ist bei Rohren mit einem mittleren Durchmesser von 300 mm ca. 20 ... 25 Rohre pro Stunde. Die Länge der Rohre kann bis zu 30 m betragen.

Das Kaliberteil kneift eine bestimmte Werkstoffmenge ab (Bild 174.1), dann erfolgt das Auswalzen (Bild 174.2) auf Fertigwanddicke und das Glätten. Das Rohr mit Dorn wird dabei zurückgedrängt. Durch den abgeflachten Bereich der Walzen wird es freigegeben (Bild 174.3) und schnellt so weit vor, daß wieder ein neues Stück abgekniffen, gewalzt und geglättet werden kann. Es handelt sich also um einen diskontinuierlichen Walzvorgang.

Stoßbank-Verfahren nach Ehrhardt

Das Verfahren ist für kleinere Durchmesser geeignet. Früher wurden die Rohre durch Ziehringe hindurchgestoßen, heute benutzt man profilierte Rollen (Bild 175). Die Rohre können Längen bis zu 10 m haben.

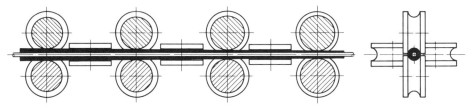

Bild 175 Stoßbankverfahren nach Ehrhardt [14]

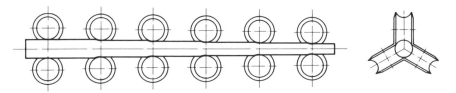

Bild 176 Reduzierwalzwerk [14]

Reduzierwalzwerk

Rohre mit einem kleineren Innendurchmesser als 40 mm werden ohne Dorn im Reduzierwalzwerk (Bild 176) gestreckt. Es besteht aus profilierten Rollenpaaren, die um 90° oder 120° versetzt gegeneinander angeordnet sind. Die Umdrehungszahlen steigen von Gerüst zu Gerüst bei enger werdendem Kaliber, um ein Anstauchen der Wanddicke zu vermeiden.

11.1.2.4 Herstellung von geschweißten Rohren

Dünnwandige Rohre werden meist widerstandsgeschweißt. Beim Schweißen mit Netzfrequenz wird der Schweißstrom dem Schlitzrohr durch Rollenelektroden zugeführt (Bild 177). Die zu verschweißenden Flächen erwärmen sich beim Stromdurchgang infolge des Übergangswiderstandes. Der erforderliche Schweißdruck wird durch Druckrollen aufgebracht. Durch die Verwendung von mittel- bzw. hochfrequentem Schweißstrom, der konduktiv oder meist induktiv (Bild 178) übertragen wird, erreicht man Schweißgeschwindigkeiten bis 100 m min^{-1}. Bei induktiver Stromübertragung stört eine verzunderte Blechoberfläche im Gegensatz zu konduktiver Stromübertragung nicht.

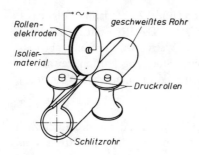

Bild 177 Widerstandschweißen von
Rohren mit Rollenelektroden [14]

Bild 178 HF-Schweißen von Rohren
mit induktiver Stromzuführung

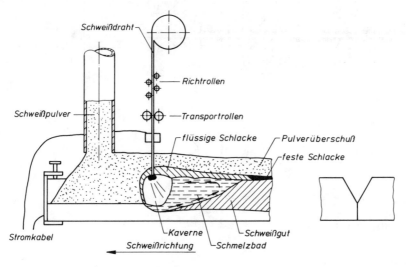

Bild 179 UP-Schweißen

Für dickwandige Rohre (500 ... 1200 mm $\varnothing$ für Gas-, Wasser- und Öltransport) verwendet man das vollmechanisierte Unterpulverschweißverfahren (UP-Schweißverfahren, Bild 179). Dabei werden Außen- und Innenlängsnaht nacheinander jeweils in horizontaler Lage geschweißt. Mit diesem Verfahren werden auch Wendelnahtrohre hergestellt. Dabei geht man von einem Stahlband aus, das schraubenlinienförmig in Rohrform gewickelt wird (Bild 180). Im Fretz-Moon-Verfahren wird das Stahlband zum geschlitzten Rohr geformt und durch Erwärmung im Ofen preßgeschweißt.

11.1.2.5 Strangpressen

Es handelt sich um ein Warmformverfahren, das früher nur bei Nichteisenmetallen üblich war. Bei Kunststoff nennt man das Strangpressen *Extrudieren*.

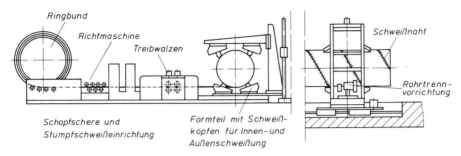

Bild 180 Herstellung von Wendelnahtrohren [14]

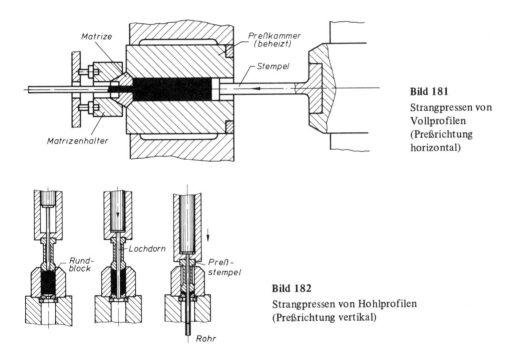

Bild 181

Strangpressen von Vollprofilen (Preßrichtung horizontal)

Bild 182

Strangpressen von Hohlprofilen (Preßrichtung vertikal)

Man preßt den Werkstoff in plastischem Zustand durch eine Matrize aus Warmarbeitsstahl (Bild 181). In dem beheizten Aufnehmer bleibt ein Preßrest zurück, der wieder eingeschmolzen werden kann. Mit diesem Verfahren lassen sich Rohre herstellen, vor allem aber Profile mit z.T. kompliziertem Querschnitt, wie sie im *Leichtbau* benötigt werden.

Da vielfach keine Nachbearbeitung erforderlich ist, eignet sich das Strangpressen für die Massenfertigung.

Sonderfälle: Herstellung von Bleikabelmänteln und umhüllten Schweißelektroden.

Für die Herstellung von Rohrprofilen (Bild 182) wird das auf Walztemperatur erwärmte Rundmaterial in der Matrize zunächst gelocht. Der Lochstempel bleibt in seiner Endstellung stehen und bildet mit der Matrizenöffnung einen Ringspalt, der den Rohrabmessungen entspricht. Mit dem Preßstempel wird der Block durch den Ringspalt gedrückt.

11.1.2.6 Herstellung von Überzügen auf Stahl

Zur Veränderung der Eigenschaften der Werkstoffe an der Oberfläche, z.B. um die Korrosionsbeständigkeit zu erhöhen, werden metallische oder nichtmetallische Überzüge aufgebracht. Der Abschnitt 11.1.2.6 gehört zwar der Systematik nach nicht vollständig zur Warmformgebung, wird jedoch hier zusammenfassend behandelt.

Metallische Überzüge

Plattieren

Tauchplattieren. Der Stahl wird zunächst z.B. in HCl gebeizt und anschließend in das flüssige Metallbad getaucht oder durch dieses kontinuierlich hindurchgezogen. Eine gute Haftung tritt auch dann ein, wenn die beiden Stoffe keine gegenseitige Löslichkeit besitzen, wie etwa beim *homogenen Verbleien* von Stahl. In ähnlicher Weise erfolgt das *Band- und Feuerverzinken*, das *Verzinnen* (Weißblech) oder *Alitieren*. Die Gefahr der Bildung spröder Zwischenschichten zwischen Grundwerkstoff und Überzugsmetall ist zu beachten.

Walzplattieren. Durch Walzplattieren werden Verbundwerkstoffe hergestellt. Der Grundwerkstoff soll die mechanische, die Plattierung soll die chemische oder die Verschleißbeanspruchung aufnehmen.

Warmwalzplattieren. Anwendung z.B. zur Herstellung korrosionsbeständiger Überzüge aus hochlegiertem Stahl auf unlegierten oder niedriglegierten Baustählen. Die Bindung zwischen den Blechen darf nicht durch Oxidschichten beeinträchtigt werden. Daher Oberflächenvorbereitung durch Schleifen, z.T. werden die gesäuberten Platinen galvanisch vernickelt. Die Plattierungswerkstoffe werden gemäß Bild 183 mit unlegiertem Stahl umhüllt und warm ausgewalzt. Beim „Spülgasverfahren" tritt an die Stelle des Vernickelns die Zufuhr eines die Oxydation verhindernden inerten oder reduzierenden Gases. Die Bindung erfolgt in beiden Fällen über Diffusionsvorgänge.

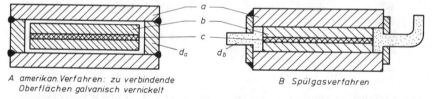

A amerikan.Verfahren: zu verbindende   B Spülgasverfahren
Oberflächen galvanisch vernickelt

Bild 183 Walzplattieren. a) Grundwerkstoff, b) Plattierungswerkstoff, c) Trennschicht aus Karbidkalk, Magnesia. d_a Distanzrahmen, d_b Spülgas

Kaltwalzplattieren. Gut verformbare Werkstoffe (Aluminium auf Stahl oder Kupfer, Silber auf Kupfer) können auch bei Raumtemperatur oder mäßig erhöhten Temperaturen plattiert werden. Für den Bindungsvorgang ist Diffusion von untergeordneter Bedeutung. Wichtig ist eine einwandfreie Reinigung der Blechoberflächen vor dem Plattieren.

Schweißplattieren. Zu dieser Verfahrensgruppe gehören das *UP-Bandplattieren*, das *Plasma-Heißdraht-Auftragsschweißen* und das *Sprengplattieren* (Schockschweißen). Das Sprengplattieren ist abgeleitet vom Explosivumformen. Eine Möglichkeit der gegenseitigen Anordnung von Grundwerkstoff, Plattierungswerkstoff und Sprengstofffolie zeigt Bild 184.

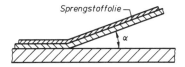

Bild 184
Sprengplattieren

Zahlreiche Werkstoffkombinationen sind möglich, die auf andere Weise nicht in gleicher Güte hergestellt werden können, z.B. Titan auf Stahl.

Elektroplattieren (Galvanisieren). Metallüberzüge werden aus wäßrigen Lösungen bei Gleichstromdurchgang abgeschieden. Für Eisenwerkstoffe verwendet man Cu, Ni, Cr, Sn, Zn, Pb, Cd. Es bilden sich keine spröden Zwischenschichten. Die Deckschichten sind nicht in jedem Falle dicht, was bei Korrosionsbeanspruchung zu beachten ist.

Metallspritzen

Wichtigste Auftragsmetalle: Zn, Al, Sn und oxidkeramische Werkstoffe wie z.B. Aluminiumoxid oder Calziumzirkonat.

Nichtmetallische Überzüge

Emaillieren

Die glasartige Schmelzmasse (Silikate, Fluoride) wird naß aufgetragen und bei etwa 900 °C eingebrannt. Die Überzüge besitzen die mechanische Festigkeit der Eisenwerkstoffe und die chemische Beständigkeit des Glases, sind aber sehr spröde und stoßempfindlich.

Phosphatieren (Bondern)

Der Stahl wird in die heiße Lösung aus Phosphorsäure und Schwermetallphosphaten (Mn, Zn, Fe, Cr) getaucht. Man erhält Schichtdicken von ca. 15 μm. Die Überzüge sind stark mikroporös und eignen sich deshalb als saugfähiger Haftgrund für Anstriche und als Trägerschicht für das Schmiermittel bei der Kaltumformung von Stahl.

Kunststoff-Überzüge

Kunststoffe können auf Metalle durch Flammspritzen oder durch Wirbelsintern aufgebracht werden. Im ersten Falle verwendet man eine flammenbeheizte Pulverspritzpistole, im zweiten werden die zu beschichtenden Teile auf ca. 200 °C erwärmt und in einen mit thermoplastischem Kunststoffpulver gefüllten Behälter getaucht. Ein gleichmäßiger Überzug wird dadurch erreicht, daß man das Pulver durch von unten zugeführte Druckluft in der Schwebe hält. Beim Kontakt mit dem erwärmten Metall erweicht der Kunststoff, um sich bei der nachfolgenden Abkühlung in eine glasurartige Schicht umzuwandeln.

11.1.2.7 Pulvermetallurgie

Das pulvermetallurgische Formgebungsverfahren ist ein urformendes Fertigungsverfahren gemäß DIN 8580. Es ermöglicht die Herstellung von Bauteilen mit hoher Genauigkeit bei einer Masse von einigen Zehntel Gramm bis zu einigen Kilogramm, beispielsweise für die Feinwerktechnik.

Als Rohstoffe dienen Pulver aus Eisen, Stahl und Nichteisenmetallen, denen 0,5 ... 1,5 %
Stearate oder synthetische Wachse als Gleitmittel zugegeben werden. Sie werden unter
einem Druck von 400 ... 600 N/mm² verpreßt und anschließend gesintert, d.h. unter
Schutzgas bei einer Temperatur geglüht, die unterhalb der Schmelztemperaturen der Haupt-
komponenten des Formkörpers liegt. Durch Diffusion zwischen festen oder zwischen festen
und flüssigen Phasen kommt es dabei über Schweiß- und Lötvorgänge zu einem Formkörper, dessen Festigkeit mit der Dichte zunimmt. Festigkeit und Formteilgenauigkeit lassen
sich durch einen nachgeschalteten Kalt- oder Warmformgebungsvorgang noch erhöhen. Im
letzteren Fall spricht man, wenn mit dem Nachverdichten eine wesentliche Umformung
verbunden ist, auch von *Sinterschmieden* oder *Pulverschmieden*. Wird nach dem Kalt-
formgebungsvorgang nochmals gesintert, spricht man nach DIN 30 900 auch von Zwei-
fachsintertechnik, an die sich zur Verbesserung der Maßgenauigkeit ein weiteres Nach-
pressen anschließen kann.

Es gibt pulvermetallurgisch hergestellte Teile, die sich mit Massivteilen durch Schweißen
verbinden lassen. Dies gilt z. B. für Fe-Ni-Sinterteile mit 2,5 ... 5 % Ni, die man mit Massiv-
stahl verschweißen kann. Im übrigen gibt es viele Möglichkeiten der Legierungszusammen-
setzung von Sinterteilen, die sich schmelzmetallurgisch nicht realisieren ließen. Hierzu gehört beispielsweise die Gruppe der Hartmetalle.

11.2 Kaltformgebung

Das Kaltumformen ist eine Verformung unterhalb der Rekristallisationstemperatur[1]) der
Metalle, meist bei Raumtemperatur. Man unterscheidet Blech- und Massivumformung oder
gebundene und freie Umformung.

11.2.1 Biegeumformen

Biegerunden (Bild 185)

Auf Dreiwalzen- oder Vierwalzen-Blechbiegemaschinen. Nur die Oberwalze ist angetrieben.
Bei der Dreiwalzenmaschine müssen die Randstreifen in einem Abkantwerkzeug oder in
einer Vierwalzen-Biegemaschine gesondert angebogen werden.

Anbiegen der End-   Drei-Walzen-   Vier-Walzen-   **Bild 185**
streifen x   Biegemaschine   Biegemaschine   Biegerunden von Blechtafeln

---

[1]) Rekristallisationstemperatur $T_R \approx 0.4\, T_{schmelz}$ in K

Abkanten (Bild 186 und 187)

Abkanten = Biegen um eine Achse parallel zur Längsrichtung des Bleches, Herstellung von
Abkantprofilen.
Verwendung: Leichtbau.
Maschinen: Abkantpressen, Abkantmaschinen, Profilwalzmaschinen.

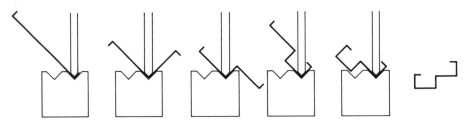

Bild 186 Herstellung von Blechprofilen durch Abkanten [13]

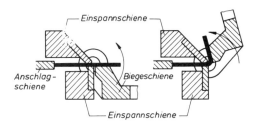

Bild 187
Maschinelles Abkanten von Blech [13]

Biegestanzen (Bild 188)

Verformung um eine Achse senkrecht zur Längsrichtung des Bleches, Verwendung für
kleinere Blechteile. Das Biegestanzen läßt sich mit einem Ausschneide- oder Lochvorgang
verbinden. Bild 189 zeigt das Biegen mit Unterschnitt durch drehbar gelagerten Formstempel.

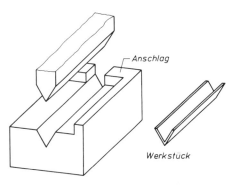

Bild 188 Biegestanzen

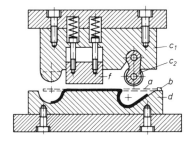

Bild 189 Biegen mit Unterschnitt [13]
a Zuschnitt, b Anschlag, c_1 Biegestempel,
c_2 drehbar gelagerter Formstempel,
d Matrize, f Niederhalter

Richten

Das Richten von Drähten, Profilen und Blechen erfolgt auf einer Rollenrichtmaschine (Bild 190). Starke Zustellung der oberen Richtrollen im Einlauf, zum Auslauf hin abklingend.

Rollen (Bild 191)

Zur Herstellung von Versteifungen oder Scharnieren.

Sicken (Bild 192 und 193)

Zur Versteifung von Blechen.

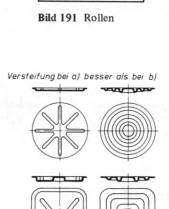

Bild 191 Rollen

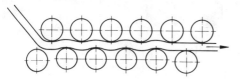

Bild 190 Rollenrichtmaschine

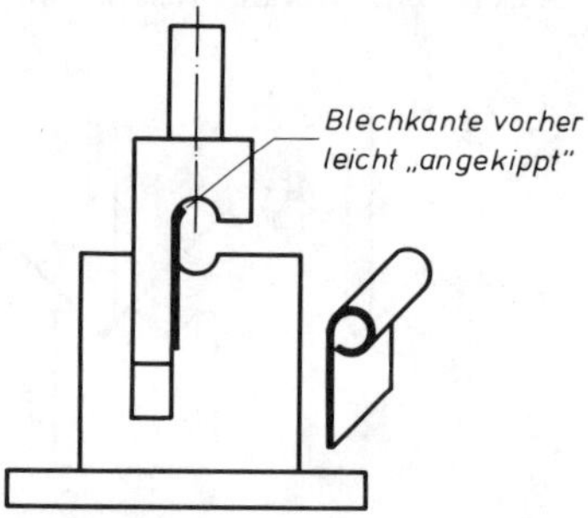

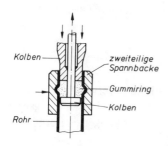

Bild 192 Rohrsickwerkzeug [15]

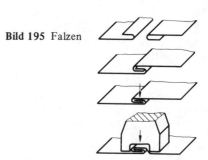

Bild 193 Versteifungssicken an Böden [13]

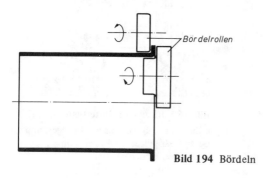

Bild 194 Bördeln

Bild 195 Falzen

Bördeln (Bild 194)

Zweck: Versteifung von Tiefziehteilen oder Blechprofilen. Vorarbeit zum Schweißen dünner Bleche ohne Zusatzwerkstoff oder zum Löten.

Falzen (Bild 195)

Anwendung: Dünnwandige Vierkantrohre für lufttechnische Anlagen, Verkleidungen, Dosen, Bedachungen.
Gute Kaltverformbarkeit erforderlich.

11.2.2 Tiefziehen

Unter Tiefziehen versteht man das Umformen von ebenen Blechzuschnitten zu Hohlkörpern durch Ziehring (Ziehmatrize) und Ziehstempel ohne wesentliche Blechdickenänderung (Bild 196). Es handelt sich dabei um eine Kombination von Zug- und Druckumformung. Bei zu starkem Stauchen können Falten, bei zu starkem Strecken Risse, z.B. sogenannte Bodenreißer auftreten.

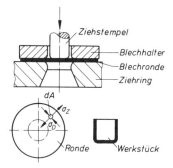

Bild 196
Tiefziehwerkzeug
mit Faltenhalter

dA Flächenelement
σ_Z Zugspannung
σ_D Druckspannung

Tabelle 46 Grenzziehverhältnis

Werkstoff	$\dfrac{d_0}{d_1}$
Cu, CuZn (Messing)	2
Al	1,5 ... 1,9
Zn	1,4
C-Stähle	1,7 ... 1,9

d_0 Außendurchmesser der Ronde
d_1 Stempeldurchmesser

Faltenbildung verhindert ein Niederhalter, Bodenreißer lassen sich durch Begrenzen des Tiefziehverhältnisses d_0/d_1 vermeiden (Tabelle 46).
Bei großem Tiefziehverhältnis sind mehrere Arbeitsgänge, oft bis zu 10 Züge, erforderlich. Ein hierfür geeignetes Zwischenziehwerkzeug ist in Bild 197 wiedergegeben (Abstreckziehwerkzeug).

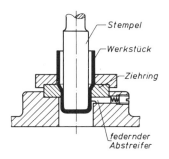

Bild 197
Zwischenziehwerkzeug ohne Faltenhalter [13]

Elastische Druckmittel

Anstelle von Stempel und Matrize verwendet man häufig elastische Druckmittel.

Vorteile: Man benötigt nur eine Positivform, keine genaue Passung zwischen Stempel und Matrize. Werkzeugkosten werden auf 1/10 erniedrigt. Außerdem Zeitgewinn, da bei größerem Ziehverhältnis weniger Züge nötig sind, bedingt durch die Überlagerung der das Fließen begünstigenden Druckkraft des Druckmittels auf das Werkstück. Andererseits ca. zehnfach höherer Umformdruck.

Die Wanddicken sind bei diesem Verfahren auf 1 mm bei Stahl und 2,5 mm bei Aluminium begrenzt.

Man unterscheidet zwei Arten des Tiefziehens mit elastischem Druckmittel (Bild 198):
a) Gummiplattenstapel im Koffer,
b) Druckflüssigkeit über einer Gummimembran („*Hydroform*-Verfahren").

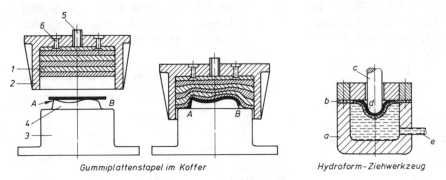

Gummiplattenstapel im Koffer   Hydroform-Ziehwerkzeug

Bild 198 Tiefziehen mit elastischen Druckmitteln [13]
A Schneidkante, Bereich A–B: Umformung, 1 Gummiplattenstapel, 2 „Koffer" für 1, 3 Tauchplatte, 4 Kernstempel, 5 Einspannzapfen, 6 Halterung für verklebtes Plattenpaket, a Hydraulisches Kissen mit Füllung, b Gummimembrane, c Stempel, d Werkstück, e Druckflüssigkeit

11.2.3 Streckziehen (Bild 199)

Unter Streckziehen versteht man die Kombination von Recken und Biegen zur Herstellung gewölbter Teile. Man reckt das Blech bis zu einer Vorspannung, die der Streckgrenze entspricht, und bringt es dann durch Ziehen auf die gewünschte Form.

Vorteil des Streckziehens: Auch bei geringer Wölbung des Ziehteils entsteht kein nennenswertes Rückfedern.

11.2.4 Drücken

Die Krafteinleitung durch Drückwerkzeuge in das auf einem umlaufenden Formfutter liegende Blech erfolgt punktförmig auf einer schraubenförmigen Linie (Bild 200). Anwendung zur Herstellung von Triebwerksteilen, Schraubdeckeln, Glühlampensockeln usw.

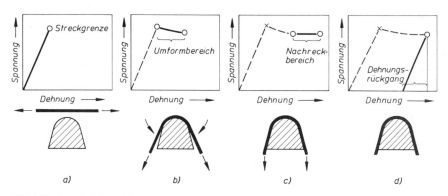

Bild 199 Streckziehen [13]
a) Recken bis $R_{p0,2}$ b) Umformen c) Nachrecken d) Entlasten

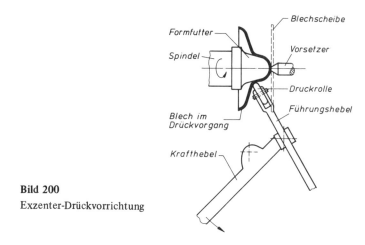

Bild 200
Exzenter-Drückvorrichtung

11.2.5 Draht-, Stangen- und Rohrziehen

Vorbehandlung

Bis zu gewissen Querschnitten kann man Stangen und Drähte durch Warmwalzen herstellen, darunter nur durch Kaltziehen. Beim Walzen ist für die Wärmekapazität des Walzgutes sein Volumen verantwortlich, für die Wärmeabgabe seine Oberfläche. Das Verhältnis
von Volumen zu Oberfläche eines Zylinders ist aber:

$$\frac{V}{O} = \frac{d}{4}$$

Drähte mit kleinem Querschnitt müssen kaltgezogen werden, da sie sich beim Walzen zu
schnell abkühlen würden. Die Grenzen liegen für Walzdraht bei 5 mm $\varnothing$ (Stahl) bzw.
6,5 mm $\varnothing$ (Kupfer).

Man walzt die Drähte zunächst warm bis zu dem kleinstmöglichen Durchmesser und zieht sie dann kalt bis zu den gewünschten Abmessungen weiter. Vorher wird der Zunder des Walzdrahtes beseitigt, da er sich sonst in die Oberfläche der Drähte eindrücken und die Ziehwerkzeuge beschädigen würde. Man entfernt den Zunder durch Beizen mit Salz- oder Schwefelsäure oder mechanisch durch Strahlen mit Drahtkorn oder durch Biegen.

Ziehwerkzeuge

Die früher verwendeten Zieheisen bestanden aus Werkzeugstahl mit 1,8 ... 2,5 % C [1]), 3 ... 4 % bzw. 12 ... 13 % Chrom (gute Verschleißbeständigkeit). Heute meist Ziehsteine aus Sinterhartmetall (kobaltgebundene Wolframkarbide) bzw. aus Diamant (Bild 201), da leistungsfähiger (Tabelle 47). Mit Diamant-Ziehsteinen lassen sich feine Drähte mit 0,003 ... 0,5 mm ⌀ herstellen. Das Bohren der Diamant-Ziehsteine erfolgt am wirtschaftlichsten mit einem Bearbeitungs-Laser.

Tabelle 47 Vergleich zwischen verschiedenen Ziehwerkzeugen

Werkstoff des Ziehwerkzeuges	Verschleißwiderstand (Relation)	Kosten (Relation)
Werkzeugstahl	1	1
Hartmetall	100	5
Diamant	10 000	35

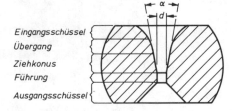

Eingangsschüssel
Übergang
Ziehkonus
Führung
Ausgangsschüssel

Bild 201
Diamant-Ziehstein

Ziehvorgang

Um den Draht in den Ziehstein einführen zu können, muß er durch Schleifen oder Hämmern (Rundhämmermaschine) angespitzt werden. Er wird dann in den Stein eingefädelt und mit der Ziehzange durchgezogen. Während des Vorganges wird mit Ziehfetten — Seife und Ölen — geschmiert.
Beim Ziehen von Stahl ist eine bezogene Querschnittsabnahme $\epsilon_F = \frac{\Delta A}{A_0} \cdot 100$ in % von 75 ... 90 % in mehreren Zügen ohne Zwischenglühen möglich (z.B. von 5 mm auf 0,6 mm ⌀). Nach hoher Kaltverfestigung wird unter Schutzgas zwischengeglüht. Man unterteilt in

Grobzüge   16 ... 4,2 mm ⌀ ,
Mittelzüge 4,2 ... 1,6 mm ⌀ ,
Feinzüge   1,6 ... 0,7 mm ⌀ .

---
[1]) Bei hochlegierten Stählen sind C-Gehalte > 2 % möglich

Ziehverfahren, bei denen der Draht auf Trommeln aufgewickelt wird, nennt man *Gerade-ausverfahren.* Bei Umlenkung spricht man von *Parallelverfahren* (vorwiegend für Feindrähte). Aus vorgewalzten Teilen werden durch Ziehen auch Profile mit beliebigen Querschnitten und sehr genauen Abmessungen hergestellt. Da es sich um eine Kaltverformung handelt, liegt die Festigkeit höher als bei warmgewalzten Stählen.

Rohrziehen

Hohlziehen (Bild 202): Wanddicke und Innendurchmesser hängen vom Spannungszustand ab. Die Genauigkeit ist gering. Man verwendet daher das Verfahren zum Vorziehen. Keine Innenkalibrierung.

Stopfen-Zug (Bild 203): Die Wanddicke läßt sich durch den Stopfendurchmesser einstellen, der für die Kalibrierung sorgt.

Stangen-Zug (Bild 204): Um die Stange nach dem Ziehen entfernen zu können, muß das Rohr etwas nachgewalzt werden, wodurch die Abmessungen an Genauigkeit verlieren.

Aufweite-Zug (Bild 205): Der Innendurchmesser wird aufgeweitet und erhält dadurch eine besonders glatte Oberfläche.

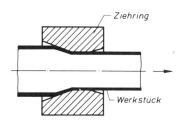

Bild 202 Hohlziehen

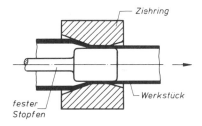

Bild 203 Stopfen-Zug

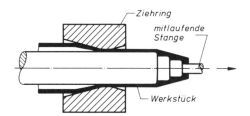

Bild 204 Stangen-Zug

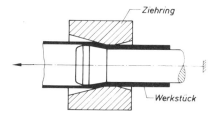

Bild 205 Aufweite-Zug

11.2.6 Fließpressen

Es handelt sich um ein Massivumformen bei Raumtemperatur zur Herstellung von Voll- und Hohlkörpern. Die Form des Werkstückes ergibt sich aus der Form von Preßstempel und Preßbüchse. Es wird mit hohen Drücken gearbeitet, da die Formänderungsfestigkeit des Werkstoffes überschritten werden muß. Früher wurde das Verfahren nur für NE-Metalle[1]) angewendet, seit einigen Jahren auch für Stahl, seitdem man Preßwerkzeuge mit der notwendigen Festigkeit von ca. 3000 Nmm^{-2} herstellen kann. Je nach Wirkrichtung des Stempels zur Fließrichtung des Werkstückes unterscheidet man

Vorwärtsfließpressen (Bild 206)

Stempel- und Werkstückbewegung sind gleichsinnig. Herstellung von zylindrischen Formteilen (Voll- und Hohlkörper).

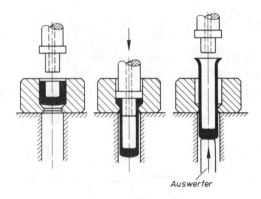 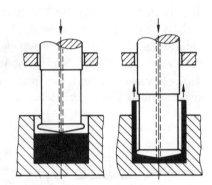

Bild 206   Vorwärts-Hohlfließpressen   **Bild 207**   Rückwärts-Fließpressen

Rückwärtsfließpressen (Bild 207)

Stempel- und Werkstückbewegung sind gegenläufig. Herstellung von einseitig geschlossenen Hohlkörpern wie Näpfen und Tuben (Rückwärts-Napffließpressen).

11.2.7 Kaltwalzen

Warmgewalztes Vorblech wird überwiegend in Breitbandstraßen auf das gewünschte Endmaß gewalzt. Für große Querschnittsabnahme verwendet man Arbeitswalzen mit kleinem Durchmesser (vgl. Einzugsbedingung, Abschnitt 11.1.2.2). Nach Bild 170 wird α bei gleicher Stichabnahme um so größer, je kleiner der Durchmesser der Walzen ist, die entweder leicht ballig geschliffen oder mit Stützwalzen gegen zu starke Durchbiegung versehen sind. In modernen Feinblech-Bandwalzwerken kann die Endgeschwindigkeit bis zu 2000 m/min (120 km/h) betragen. Sonderwalzverfahren: Sendzimir- und Planetenwalzwerke.

---

[1]) Nichteisenmetalle

11.2.8 Hochgeschwindigkeitsumformen (Hochenergieumformen)

Explosivumformen (Bild 208)

Umformen durch die Stoßwelle eines Sprengsatzes. Theoretischer Anfangsdruck: 10^6 bar, Druckwellenfortpflanzungsgeschwindigkeit: 1500 ... 850 m/s (je nach Sprengstoff). Umformgeschwindigkeit am Werkstück: Bis 300 m/s. Hohe Druckbeanspruchung ermöglicht Umformung schlecht verformbarer Werkstoffe.

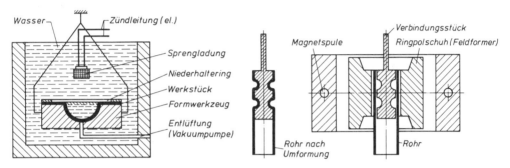

Bild 208 Explosivumformen

Bild 209 Elektromagnetisches Umformen [13]

Elektromagnetisches Umformen (Bild 209)

Durch Kondensatorentladung wird über eine Spule kurzzeitig ein starkes Magnetfeld aufgebaut, das im leitenden Werkstoff einen gegenläufigen Strom und damit ein entsprechendes Magnetfeld induziert. Die schockartige Kraftwirkung wird zum Umformen kleinerer Teile aus Feinblech ausgenutzt.

Elektrohydraulisches Umformen (Bilder 210, 211)

Umformen durch die hydraulische Druckwelle, die durch einen Hochspannungslichtbogen oder durch Vergasen eines dünnen Drahtes bei Stromdurchgang unter Wasser erzeugt wird.

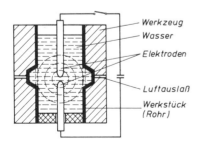

Bild 210 Elektrohydraulisches Umformen (Hydrospark)

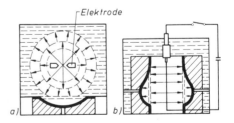

Bild 211 Elektrohydraulisches Umformen (a Unterwasserlichtbogen, b Vergasen eines dünnen Drahtes)

11.3 Gießereitechnik

Das Gießen in Fertigform ist die einfachste spanlose Formgebung der Metalle.

11.3.1 Werkstofffragen

Die wichtigsten Gußmetalle sind:

GS   Stahlguß
GG   Gußeisen mit Lamellengraphit
GT   Temperguß
GGG   Gußeisen mit Kugelgraphit

außerdem

NE − Schwermetallguß
NE − Leichtmetallguß

Formfüllungsvermögen. Das Füllvermögen ist bei reinen niedrigschmelzenden Metallen (Pb, Zn, Sn) und bei eutektischen Legierungen mit niedrigem Schmelzpunkt gut (GG, G-Al Si 13). Die Erstarrung erfolgt in diesen Fällen bei einem Temperaturhaltepunkt und nicht in einem Temperaturintervall. Der Punkt e (Bild 16) kennzeichnet die Zusammensetzung einer eutektischen Legierung. Auch Lote sind meist naheeutektische Legierungen.

Gaslöslichkeit. Beim Abkühlen der Schmelze treten die bei höherer Temperatur gelösten Gase (O_2, H_2) wieder aus. O_2 bildet Oxide, wenn keine Desoxydationsmittel vorhanden sind. Sind die Reaktionsprodukte gasförmig, führen sie u. U. zur Porenbildung. Um Schäden durch Gaseinschlüsse zu vermeiden, beachte man:
1. Langsam abkühlen, damit die Gase entweichen können.
2. Vakuum-Schmelzen und Vakuum-Gießen bei besonders stark Gase lösenden Metallen.
3. Gasdurchlässige Formen zur Förderung der Entgasung.

Seigerungen sind Entmischungen in mikroskopischen oder makroskopischen Bereichen.

Kristallseigerung (Zonenmischkristallbildung) entsteht bei einem großen Erstarrungsbereich innerhalb des einzelnen Kristalls.

Direkte Blockseigerung (Makroskopische Seigerung) ist eine örtliche Anreicherung von Legierungs- oder Begleitelementen infolge unterschiedlicher Schmelzpunkte und Dichten. Die zuletzt erstarrenden Bestandteile reichern sich im Blockinneren an.

Umgekehrte Blockseigerung. Diese Form kann bei NE-Metallen auftreten. Da der Block schrumpft, steht die Restschmelze im Innern des Blockes unter erhöhtem Druck. Sie wird daher zwischen den Stengelkristallen nach außen gepreßt und erstarrt in Form von Ausquellungen an der Blockoberfläche. Vor der Weiterverarbeitung muß diese Schicht beim Halbzeug entfernt werden. Zu dieser Form der Seigerung neigen die Systeme Cu−Sn, Al−Cu und Zn-Cu.

Schwinden ist die bei fast allen Metallen und Legierungen auftretende Volumenverringerung vom Erstarrungsbeginn bis zur Abkühlung auf Raumtemperatur. GG: 1 % Schwindung, GS: 2 % Schwindung.

Lunker sind nach außen offene oder in sich geschlossene Hohlräume im Gußstück, hervorgerufen durch Schwindung in Verbindung mit ungleichmäßiger Abkühlung. Beide Einflüsse müssen zusammen auftreten. Weder Schwindung allein bei gleichmäßiger Abkühlung noch ungleichmäßige Abkühlung ohne Schwindung führen zu Lunkern. Lunker treten bevorzugt in örtlichen Werkstoffanhäufungen und im Bereich schroffer Querschnittsübergänge auf. Man vermeidet daher Werkstoffanhäufungen und setzt bei großen Querschnittsänderungen Speiser, in denen sich dann die Lunker bilden können.

Eigenspannungen sind ebenfalls auf Schwinden in Verbindung mit ungleichmäßiger Abkühlung zurückzuführen. Sie wachsen mit dem Schwindmaß und dem Elastizitätsmodul des Werkstoffes.

Werkstoffabhängige Fehlerscheinungen

Heißrisse erkennt man an der oxydierten Bruchfläche, wenn sie mit der Atmosphäre in Verbindung stehen. Niedrigschmelzende Bestandteile auf den Korngrenzen führen beim Abkühlen zu Heißrissen. Die Gefahr ist umso größer, je mehr das Gußstück durch die Form am Schwinden gehindert wird. Daher werden Teile mit großem Schwindmaß oft im rotwarmen Zustand aus der Form geschlagen.

Kaltrisse. Die Bruchfläche ist bei Kaltrissen blank. Sie entstehen durch hohe Eigenspannungen in schlecht verformbaren Gußwerkstoffen. Verlauf meist transkristallin, d.h. durch die Körner.

11.3.1.1 Gußeisen

Ausgangsprodukt ist das graue Roheisen aus dem Hochofen. Hinzu kommen noch Gußschrott, Stahlschrott und Zuschläge. So stellt man Gußeisensorten verschiedener Zusammensetzung her. Das Einstellen des Ofens auf eine bestimmte Sorte nennt man *Gattieren*. Das geschieht z.B. im

Gießereischachtofen (Bild 212, 0,5 ... 1,5 m im Durchmesser, 4 ... 7 m Höhe, Blechmantel, Ausmauerung mit Schamottesteinen oder Ausstampfen mit Klebsand, also saures Ofenfutter).

Man heizt mit Koks, was zu einer Aufschwefelung führt. Die damit notwendige Entschwefelung findet im Vorherd statt. Der Ofen wird schichtweise mit Koks, Kalkstein und Roheisen beschickt. Der Kalk führt zur Vorentschwefelung, die jedoch bei saurer Schlackenführung nicht ausreicht. Keine wesentlichen chemischen Reaktionen. Leistung: ca. 5 t/h bei mittlerer Ofengröße.

Heißwind-Kupolofen (Bild 213). Höhere Leistung bei Winderhitzung auf 450 ... 600 °C.

Flammofen (Bild 214). Treffsicher einstellbar. Gußeisen kann bei höherer Temperatur mit niedrigem C-Gehalt hergestellt werden. Beheizung mit Steinkohle, Gas oder Öl.

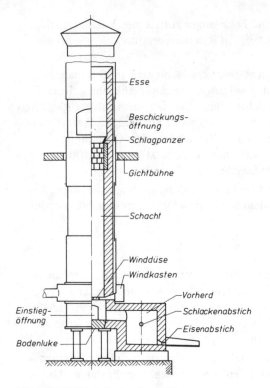

Bild 212 Gießereischachtofen [18]

Bild 213 Heißwind-Kupolofen

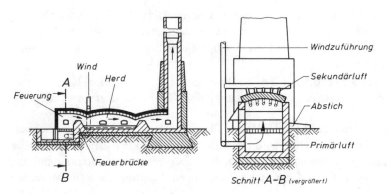

Bild 214 Flammofen (Herdofen) [13]

Brakelsberg-Trommelofen (Bild 215). Dreh- und schwenkbarer Flammofen für bessere Entgasung bzw. zur Schonung des Gewölbes durch ständige Kühlung (Schmelze bleibt nicht an der gleichen Stelle infolge der ständigen Rotation des Ofens).

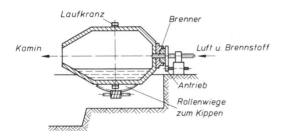

Bild 215
Brakelsberg-Trommelofen [13]

Tiegelofen. Durch Flammgase erwärmt (für NE-Metalle und kleinere Gußstücke).

Elektroöfen. Lichtbogen- und Induktionsöfen wie im Stahlwerk. Anlage- und Betriebskosten verhältnismäßig hoch, daher vorzugsweise für hochwertigen Guß, für den sich die beim Elektroofen mögliche gute Regelbarkeit des Schmelzganges lohnt. Besonders niedrige Rauchgas- und Staubemissionen haben dazu geführt, daß mit Netzfrequenz betriebene Induktionstiegelöfen teilweise an die Stelle von Heißwindkupolöfen getreten sind.

11.3.1.2 NE-Metalle

NE-Metalle werden in folgenden Öfen erschmolzen:

Tiegelofen (Gas- oder Ölfeuerung, Induktionserwärmung)

Fassungsvermögen: Leichtmetalle: 25 ... 100 kg

Schwermetalle: 60 ... 800 kg

Induktionsofen (siehe Bild 81).

Herdofen

Aluminiumschmelzen dürfen nicht über 760 °C erwärmt werden, da sonst eine verstärkte Aufnahme von Wasserstoff erfolgt. Um ein feinkörniges Gußgefüge zu erhalten, setzt man Natrium als Keimbildner hinzu. Bei Mg-Legierungen und bei Schwermetallen wird die Oxidbildung durch eine Salzabdeckung ($MgCl_2$) verhindert.

11.3.2 Das Modell

Das *Modell* ist eine Nachbildung des zu gießenden Werkstückes unter Berücksichtigung des Schwindmaßes und der Bearbeitungszugaben. Hohlräume und Aussparungen im Gußstück werden durch eingelegte *Kerne* erzeugt.

Modellwerkstoff: Holz, Metall, Kunststoff und Wachs.

Die Modelle werden in einem Formstoff eingebettet, wodurch die Form entsteht.

11.3.3 Die Form

Anforderungen an die Form:

1. Dauerhaft, damit sie Beanspruchungen bei Transport und Guß standhält,
2. so ausgeprägt (scharf), daß das Gußstück an freien Flächen keiner Nachbearbeitung bedarf und saubere Oberflächen erhält,

3. möglichst schlecht wärmeleitend zur Erzielung langsamer Abkühlung (Ausnahme: Schalenhartguß),
4. gasdurchlässig, damit durch Reaktion zwischen Schmelz- und Formstoff entstandene sowie aus der Schmelze selbst freiwerdende Gase entweichen können,
5. hitzebeständig, damit Formstoff nicht am Gußstück anklebt.

Formstoffe

Metall für Dauerformen (Kokillenguß für NE-Metalle, für Druckguß, jedoch nicht für GG).

Lehm für Schablonenformerei.

Formsand. Quarzsand und Ton in unterschiedlichen Mengen. Quarzsand: SiO_2; Ton: $Al_2O_3 \cdot 2SiO_2 \cdot 2H_2O$.

Man unterscheidet:
a) *grüner Sand* (magerer Sand): 8 % Ton und 4 % H_2O, für Naßguß geeignet (Trockenform würde zerfallen), für kleine Massenteile verwendet;
b) *mittelfetter Sand:* 8 ... 15 % Ton und 7 % H_2O, gut bildsam, aber in nassem Zustand wenig gasdurchlässig, daher nur für den Trockenguß geeignet,
c) *fetter Sand* (Masse): 15 ... 20 % Ton und 10 % H_2O, gut bildsam und nach Trocknung sehr fest, für hohe Temperaturen geeignet (z.B. für GS),
d) *synthetischer Sand:* Sand, dem Kunststoffe, z.B. Phenolharz, beigemischt sind.

Formsandprüfung nach DIN 52 401

a) Korngröße durch Siebanalyse,   d) Druck- und Scherfestigkeit,
b) Tongehalt,   e) Gasdurchlässigkeit,
c) Feuerbeständigkeit,   f) Feuchtigkeit.

Verfahren mit verlorenen Formen

Herdformerei (Bild 216)

Koksschicht, Formsandschicht, Modellsandschicht (oberste Lage), in die das Modell eingedrückt wird. In die dadurch entstandene Form wird eingegossen. Beim bedeckten Herdguß wird die Oberfläche mit einem Formkasten abgedeckt. Die Oberflächengüte des Gußstückes kann dadurch verbessert werden.

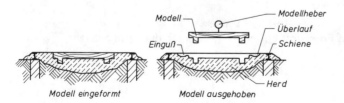

Modell — Modellheber
Überlauf
Einguß — Schiene
Herd
Modell eingeformt   Modell ausgehoben

Bild 216
Herdformerei [13]

Kastenformerei (Bild 217)

Formkästen (DIN 1524) aus GG oder Stahl.

Schablonenformerei (Bild 218)

Dreh- und Ziehschablonen aus Holz mit Blechbeschlag. Nur für kleine Stückzahlen, da hoher Lohnkostenanteil.

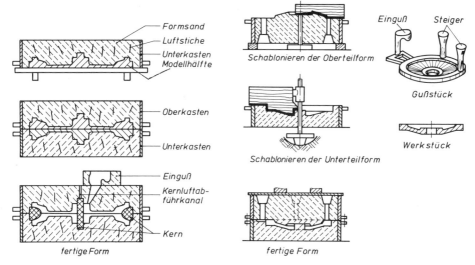

Bild 217 Kastenformerei [19]   **Bild 218** Schablonenformerei [13]

Maskenformerei nach Croning

Dem Sand wird ein aushärtbarer Kunststoff beigegeben (SiO_2 + 4 ... 10 % Phenolharz + Beschleuniger Hexamethylentetramin). Vorgang siehe Bild 219.

Vorteile: Geringer Formstoffverbrauch, hohe Konturengenauigkeit und gute Gasdurchlässigkeit.

Anwendung: Automobilindustrie, Massenteile (Rippenzylinder, Kurbelwellen, Nockenwellen, Lauf- und Leiträder für Pumpen, Armaturen).

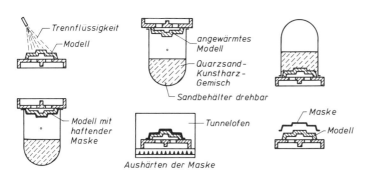

Bild 219 Herstellung einer Maskenform [20]

Modellausschmelzverfahren

Modell aus Wachs oder Polystyrol: Es wird in eine feuerfeste Masse getaucht, anschließend eingeformt und nach Trocknung ausgeschmolzen (verlorenes Modell). Der so entstandene Hohlraum dient als Form. Feinguß: z.B. Schreibmaschinenteile (Bild 220).

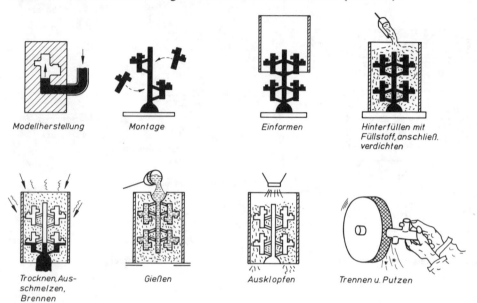

Bild 220 Herstellung von Teilen im Modellausschmelzverfahren [21]

Maschinenformerei

Die moderne Gießerei ist weitgehend mechanisiert und automatisiert. Hierfür ist die maschinelle Herstellung von Form und Kern eine wesentliche Voraussetzung.

1. Die *Verdichtung* des Sandes erfolgt durch Stampfen, Hochdruckpressen, Rütteln, Schleudern, Blasen (Bild 221). Beim Pressen wird im allgemeinen das Modell in den Sand gedrückt, damit die größte Sanddichte am Modell erreicht wird. Verdichten großer Formen durch abschnittweises Pressen mit stufenförmig angeordneten Einzelpreßflächen. Rütteln führt zu hoher Sanddichte am Modell.

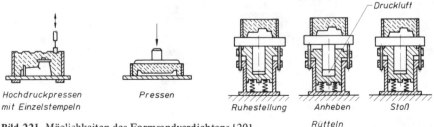

Bild 221 Möglichkeiten des Formsandverdichtens [20]

2. *Trennen von Modell und Form:* Abheben der Form ungünstig, da rauhe Oberflächen durch abbrechenden Sand. Vorzuziehen ist das Wendeverfahren (Bild 222) bei dem nach dem Wenden der Formkasten abgesenkt wird. Eine weitere Möglichkeit ist das Schwenken der Form und Abheben des Modells (Bild 223). Das Durchzugverfahren eignet sich für schmale, senkrecht angeordnete Teile (Bild 224).

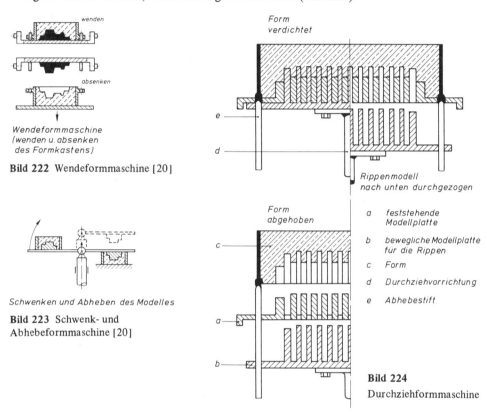

Bild 222 Wendeformmaschine [20]

Schwenken und Abheben des Modelles

Bild 223 Schwenk- und Abhebeformmaschine [20]

a   feststehende Modellplatte

b   bewegliche Modellplatte für die Rippen

c   Form

d   Durchziehvorrichtung

e   Abhebestift

Bild 224 Durchziehformmaschine

Kernherstellung

Kerne werden mit Schablonen oder in Kernkästen hergestellt. Sie können mit Kerneisen verstärkt werden. Die Verdichtung erfolgt mit Preßluft oder auf Rüttelmaschinen. Bei Verfahren zur automatischen Kernherstellung wird die Kernfestigkeit nicht durch Verdichten, sondern durch physikalische oder chemische Behandlung (Härten mit Wärme, Kohlendioxid oder Katalysator) erreicht.

Kohlendioxid-Erstarrungsverfahren. Quarz-, Zirkonsand oder Schamotte werden mit Wasserglas oder wassglashaltigem Binder vermischt und wie normaler Formsand verwendet. Lagerung unter Luftabschluß erforderlich, da sonst Aushärtung vorzeitig beginnt. Nach Fertigstellung der Form wird CO_2 eingeblasen und folgende chemische Reaktion herbeigeführt:

$$R_2O \cdot n\,SiO_2 + m\,H_2O + CO_2 \rightarrow R_2CO_3 \cdot q\,H_2O + n\,(SiO_2 \cdot p\,H_2O)$$

Das ausgeschiedene Kieselsäuregel bindet die Quarzkörner.

Hot-Box-Verfahren. Der Sand wird mit flüssigem Kunstharzbinder Phenol-Formaldehyd (2 %) und flüssigem oder pulverförmigen Ammoniumchlorid-Harnstoff-Verbindungen als Härter gemischt, unter einem Druck von 6 ... 7 bar verpreßt und bei Temperaturen von 120 ... 150 °C ausgehärtet. Wasserkühlung der Blasform verhindert vorzeitiges Aushärten.

Cold-Box-Verfahren (Gas-Nebel-Verfahren). Trockener Quarzsand mit flüssigem Zwei-komponenten-Binder wird in Kernkästen verdichtet und mit Katalysatornebel (Triäthyl-aminnebel) auf kaltem Wege innerhalb von Sekunden gehärtet. Verwendung auf Vollauto-maten, aber auch von Hand und auf von Hand bedienten Maschinen. Eine Beurteilung der verschiedenen Verfahren enthält Tabelle 48.

Tabelle 48 Beurteilung der wesentlichen Eigenschaften der nach verschiedenen Verfahren hergestellten Kerne [22]

Eigenschaften	Maskenform-Verfahren	Hot-Box-Verfahren	Cold-Box-Verfahren	Kohlendioxid-Erstarrungsverfahren
Lagerfähigkeit der Sandmischung	1	3	4	2
Lagerfähigkeit der Kerne	2	3	1	4
Formfüllungsvermögen	1	3	2	4
Maßgenauigkeit der Kerne	2	3	1	4
Gasdurchlässigkeit	1	2	2	4
Gasentwicklung	4	3	1	2
Geruchsbelästigung	3	3	4	1
Festigkeit	3	1	2	4
Zerfall	3	2	1	4
Σ =	20	23	18	29

Bewertungsmaßstab: 1 = günstig, 4 = ungünstig

Verfahren mit Dauerformen (Kokillenguß)

50 % der Leichtmetalle werden in Kokillen vergossen.

a) *Vollkokille:* Außenform aus GG, Kerne aus warmfestem Stahl.

b) *Gemischtkokille:* Außenform aus GG, Kerne aus Sand oder Maske *(Croning).*

c) *Halbkokille:* Unterteil aus Metall, Oberteil einschließlich der Kerne aus Sand; Halbkokillenguß wird angewendet, wenn mit Heißrissen zu rechnen ist.

Druckguß. Die Schmelze gelangt unter hohem Druck und mit großer Geschwindigkeit in die metallische Dauerform. Der Druck bleibt auch während der Erstarrung wirksam. Nur für NE-Metalle mit hohen Anforderungen an Genauigkeit und Oberflächengüte. Das Ver-fahren ist sehr wirtschaftlich. Keine nachträgliche Bearbeitung ist erforderlich, das Ver-fahren ist auch für dünnwandige Teile geeignet.

Druckguß-Legierungen müssen ein gutes Formfüllungsvermögen und geringes Schwindmaß haben. Sie dürfen nicht zu Heißrissen neigen (erhöhte Abkühlgeschwindigkeit!).

Ihre Schmelztemperatur muß zur Schonung der Kokille
niedrig liegen. Als Gußlegierungen kommen in Frage:

GD-Zn-Leg.   DIN 1743
GD-Al-Leg.   DIN 1725 (Bl. 2)
GD-Mg-Leg.   DIN 1729 (Bl. 2)
GD-CuZn-Leg.   DIN 1709
GD-Pb-Leg.   DIN 1741

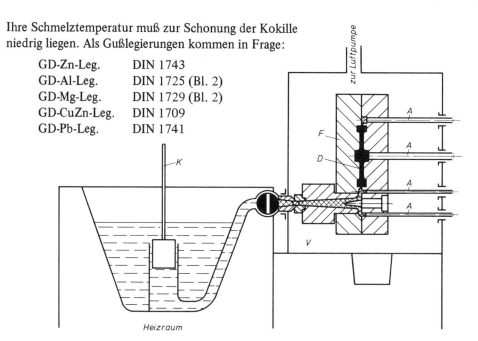

Bild 225 Warmkammer-Druckgießmaschine [20]

K: Druckkolben, F: Form, V: Vakuumkammer, D: Druckgußteil, A: Auswerfer

Eisenwerkstoffe (Stahl- oder Grauguß) lassen sich nicht verwenden.
Es gibt zwei Druckguß-Verfahren:

Warmkammverfahren (Bild 225). Die Druckkammer ist mit dem Ofen verbunden. Hohe
Schußfolgen sind möglich.

Kaltkammerverfahren. Die Druckkammer ist vom Ofen getrennt angeordnet (Bild 226).
Geringe Schußfolge, andererseits wird die Druckkammer einer geringeren Beanspruchung
ausgesetzt. Das Verfahren ist deshalb auch für hohe Temperaturen (Cu-Legierungen)
geeignet.

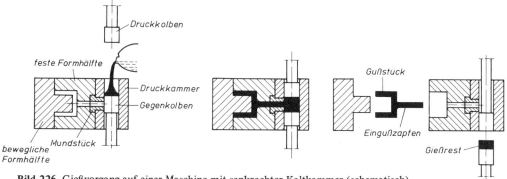

Bild 226 Gießvorgang auf einer Maschine mit senkrechter Kaltkammer (schematisch)

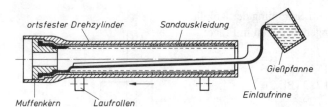

Bild 227
Schleudergießmaschine

Schleuderguß. Rotierende Dauerform für rotationssymmetrische Teile (Rohre, Büchsen, Muffen, Bild 227).
Für Stahlguß, Grauguß und NE-Schwermetalle.

Schleuderformguß. Herstellung von nicht rotationssymmetrischen Teilen im Schleudergußverfahren.

Strangguß. Für die Herstellung von Stangen und Rohren aus GG, GS und Cu-Legierungen.

Die kurze Kokille besteht aus einer Kupferlegierung oder Graphit. Sie ist wassergekühlt. Besonders geeignet für große Wanddicken mit kleinem Innendurchmesser. Verfahrensvariante vgl. Bild 228.

Bandgießen. Bei der Herstellung von Blechen aus NE-Metallen, insbesondere von Zinklegierungen, verwendet man Bandgießanlagen. Die aus Induktionsöfen kommende Metallschmelze wird bei diesem Verfahren zwischen zwei umlaufende flexible Stahlbänder vergossen, die einen rechteckigen, gegen die Horizontale leicht geneigten Kokillenhohlraum bilden, der durch mitlaufende Gliederketten seitlich begrenzt wird. Das Stahlband ist zur Vermeidung von Verwerfungen mit einer wärmedämmenden Beschichtung versehen.
Durch intensive Kühlung der Kokillenbänder wird die Wärme aus dem erstarrenden Strang rasch abgeführt. Der erstarrte Gußstrang läuft dann unmittelbar in die Walzstraße ein und wird beim Durchlaufen mehrerer Gerüste auf das Endmaß von 2,5 ... 0,5 mm ausgewalzt, vgl. [40].

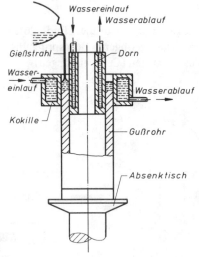

Bild 228 Vertikal-Stranggießen eines Rohres

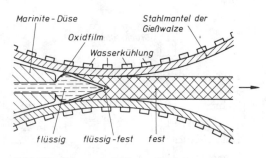

Bild 229 Schematische Darstellung der Erstarrung von Aluminium in einer horizontalen Gießwalzanlage nach [41]

Gießwalzen. Beim Gießwalzen z.B. von Aluminiumlegierungen (Bild 229) tritt das flüssige Metall aus der Marinite-Düse dicht vor der engsten Stelle in den Gießwalzspalt ein, wo es in wenigen Sekunden erstarrt und noch eine Dickenabnahme von 10 ... 15 % erfährt, ehe es die Maschine verläßt. Das gegossene Band wird gehaspelt und anschließend kaltgewalzt. Wegen der fehlenden Warmumformung wird zur Kornverfeinerung meist eine titan- oder borhaltige Vorlegierung zugegeben [40].

Verbundguß. Gußteile bestehen aus 2 oder mehr Metallen (z.B. Aufgießen einer Schmelze auf bereits erstarrtes Metall oder auf Formstahl). Beispiele siehe Bilder 230 und 231. Al-Fin-Verfahren (Bild 231): GG-Teil wird in eine Reinaluminium-Schmelze getaucht (damit eine Verbindung erfolgen kann, müssen die Teile metallisch blank sein). Das so vorbehandelte Teil wird dann in eine Kokille eingesetzt und mit einer Leichtmetall-legierung umgossen.

Anwendung: Leichtmetallkolben aus Aluminium mit Grauguß-Kolbenringträgern für Dieselmotoren, Bremstrommeln.

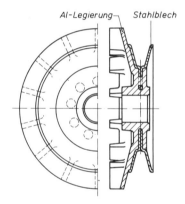

Bild 230 Verbundgußteil, Flügelrad
mit Keilriemenantrieb [20]

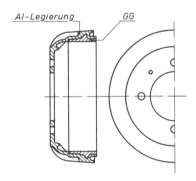

Bild 231 Verbundgußteil,
Bremstrommel [20]

11.3.4 Nachbehandlung

Eingußtrichter und Steiger werden entfernt und das Gußstück geputzt. Als Putzverfahren dienen das Druckluft-Putzstrahlen, Schleuder-Putzstrahlen, Druckwasser-Putzstrahlen, Sand- und Stahlstrahlen. Ausbesserung fehlerhfater Teile durch Schweißen, Wärmenach-behandlung, soweit erforderlich.

11.3.5 Regeln für den Konstrukteur und Gießerei-Ingenieur

11.3.5.1 Stoffgerechter Entwurf

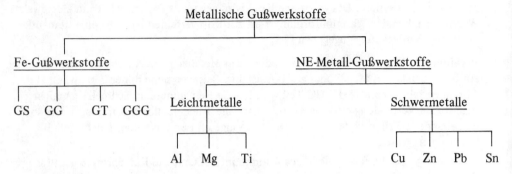

Stahlguß (GS)

Hohe Zugfestigkeit bei guter Verformbarkeit. Betriebstemperatur für niedriglegierten Stahlguß bis 580 °C, für hochlegierten Stahlguß bis 900 ... 1000 °C.
Hohe Warmstreckgrenze (Streckgrenze bei höheren Temperaturen) und gute Zeitstandfestigkeit. Korrosionsbeständigkeit bei hochlegiertem Stahlguß. Gute Kavitations- und Erosionsbeständigkeit.

Anwendung: Turbinenbau (Gehäuse, Laufräder, Flansche, Ventilkästen), Schiffspropeller, Hohlwellen (Bild 232) usw.

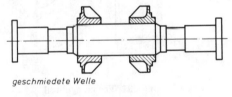

geschmiedete Welle

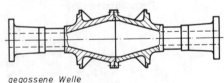

gegossene Welle

Bild 232
Umkonstruktion der Hauptwelle einer Bergwerks-Turmfördermaschine [20]

Verbundkonstruktion von Stahlguß und Walzstahl. Durch Verbundkonstruktionen ist eine Herabsetzung der Fertigungskosten möglich, da die Zahl der Verbindungsnähte gegenüber der reinen Schweißkonstruktion kleiner wird (Bild 233) und sich die Gußkonstruktion vereinfacht.

Wärmenachbehandlung. Im Gußstück liegt bei rascher Abkühlung *Widmannstättengefüge* vor. Je nach Form und Abmessungen enthält es außerdem Eigenspannungen. Das eine läßt sich durch Normal-, das andere durch Spannungsarmglühen beseitigen.

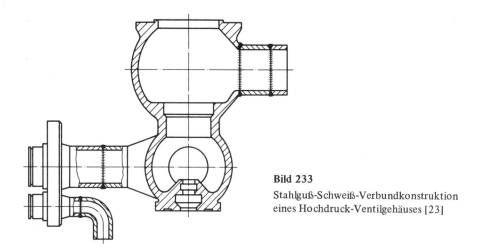

Bild 233
Stahlguß-Schweiß-Verbundkonstruktion
eines Hochdruck-Ventilgehäuses [23]

Gestaltung. Um Risse und zu hohe Eigenspannungen, die auf das verhältnismäßig große Schwindmaß von 2 % zurückzuführen sind, zu vermeiden, sollten keine schroffen Querschnittsübergänge gewählt, Hohlkehlen mit großem Radius ausgeführt und die Wanddicke über 8 mm gehalten werden. Massepunkte sind durch Speiser als Flüssigkeitsreservoire mit Schmelze zu versorgen und flüssig zu halten, damit nicht durch Absaugen von Schmelze Hohlräume entstehen.

Gußeisen mit Lamellengraphit (GG)

Der größte Anteil der Gußerzeugnisse entfällt auf Grauguß.

Eigenschaften und Anwendung:

1. Geringe *Rostempfindlichkeit* (Gußhaut). Daher Anwendung für Reaktionsgefäße, Kolonnen, Pumpenteile im chemischen Apparatebau, für Kessel, Radiatoren usw.
2. *Unempfindlichkeit gegenüber äußeren Kerben.* Infolge der zahlreichen inneren Kerben (Graphit) besteht keine zusätzliche Empfindlichkeit gegenüber äußeren Kerben.
3. *Dämpfung.* Durch innere Reibung verursacht, also wieder die Folge des Graphits im Gefüge.
   Anwendung: Gestelle von Werkzeugmaschinen und Schwermaschinen wie Prüfmaschinen, Pressen und anderen Maschinen der Umformtechnik, Getriebegehäuse.
4. *Verschleiß.* Bei perlitischer Grundmasse, insbesondere aber bei harter Oberfläche durch rasche Abkühlung (Abschreckplatten, Hartguß) oder durch Oberflächenhärtung gutes Verschleißverhalten.
   Anwendung: Walzen, Führungsbahnen.
5. *Bearbeitbarkeit.* Gußeisen ist besonders gut spanabhebend bearbeitbar, weil nur kurze Späne anfallen, Härte der Gußhaut beachten.
6. *Notlaufeigenschaften.* Da Graphit ähnlich wie ein Schmiermittel wirkt, sind die Notlaufeigenschaften gut.
   Anwendung: Gleitbahnen, Zahnräder, Lager.

7. *Festigkeitseigenschaften.* Hohe Druckfestigkeit (3 ... 4-fach gegenüber der Zugfestigkeit) bei geringer Bruchdehnung (0,2 ... 1 %).
Anwendung: Druckbeanspruchte Teile.

Gußeisen mit Kugelgraphit (GGG)

Der Graphit liegt in Kugelform vor (Bilder 62, 63) und unterbricht das Gefüge nicht so schroff wie der Lamellengraphit (Bild 39) von Grauguß. Die Folge ist eine erheblich bessere Verformbarkeit. Gegenüber Stahlguß besitzt es den Vorteil der niedrigeren Gießtemperatur und der geringeren Schwindung. Die kugelförmige Graphitausbildung wird durch Impfen der Schmelze mit Magnesium erreicht.
Anwendung: Kurbelwellen, Rohre.

Temperguß (GT)

Temperrohguß (weißes Gußeisen) wird einer Wärmebehandlung unterzogen. Dabei bildet sich knotenförmiger Graphit (Bild 61), und das Gußeisen wird bedingt verformbar. Es nimmt in dieser Beziehung eine Zwischenstellung zwischen Grauguß und Kugelgraphitguß ein. Je nach Art der Wärmebehandlung und dem sich daraus ergebenden Gefüge unterscheidet man zwischen weißem (GTW) und schwarzem Temperguß (GTS), vgl. Abschnitt 5.
Anwendung: Hinterachsgehäuse, Kurbelwellen, Nockenwellen, Lenkgehäuse, Radnaben, Fangmaul von Anhängerkupplungen im Automobilbau. Teile für Landmaschinen vielfach aus schweißbarem GTW-S38, damit Reparaturen möglich sind. Auch Verbundkonstruktionen von GTW-S38 und Stahl, abbrenngeschweißt, Rohrverbindungsstücke, Fittings, Hebel.

11.3.5.2 Gießgerechter Entwurf

Eine Reihe gießtechnischer Besonderheiten wirkt sich auf den Entwurf aus.

Stengelkristallisation

Das Auftreten von Stengelkristallen (Bild 234) im Gußteil kann bei ungünstiger Anordnung (Bild 235) zu Rissen führen. Scharfe Ecken sind daher ungünstig.

Bild 234 Stengelkristallisation in einem Gußteil (Aluminium-Barren) Ätzmittel 3 der Tabelle 78 aus [24]

Bild 235 Stengelkristallisation an Ecken und deren Folge bei ungünstiger scharfer Innenecke

Abkühlgeschwindigkeit

Hohe Abkühlgeschwindigkeiten führen bei dünnen Wänden zu einem feinen Korn mit günstigen Festigkeitseigenschaften, geringe Abkühlgeschwindigkeiten führen demgegenüber insbesondere bei größeren Dicken zu Grobkorn und verminderter Festigkeit. Gegebenenfalls kann die Abkühlgeschwindigkeit örtlich durch Anbringen von Abschreckplatten erhöht werden.

Volumenänderungen

Bei und nach der Erstarrung kommt es zu einer Verkleinerung des Volumens, vgl. Tab. 49.
a) Schwindung im flüssigen Zustand
b) Erstarrungsschwindung (Lunkergefahr)
c) Schwindung im festen Zustand (kann zu Spannungen, Rissen und Maßänderungen gegenüber der Form führen).
Bei einem reinen Metall verläuft das Schrumpfen gemäß Bild 236.

Tabelle 49 Erstarrungsschrumpfung und Schwindung im festen Zustand

Erstarrungsschrumpfung (physikalische Größe) in %

Al	Cu	Pb	Fe	Zn	Mg	Bi	Sb	GG (4 % C)
– 6,3	– 4,2	– 3,4	– 4,0	– 6,5	– 3,8	+ 3,3	+ 1,0	– 1,5

Schwindung im festen Zustand (technologische Größe) in % nach DIN 1511

GS	GG	GTW	GTS	GBi	GAl und GMg	GZn	GPb
2	1	1,6	0,5	1,5	1,25	1,5	1

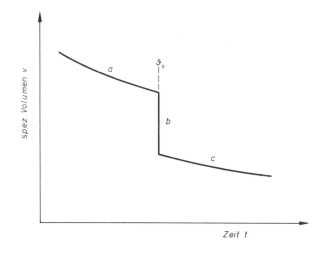

Bild 236
Volumenänderung bei der Abkühlung eines reinen Metalles

a, c Abkühlungskontraktion
b   Erstarrungskontraktion
ϑ_s Erstarrungstemperatur

Lunker

(Grob-, Fein- und Mikrolunker) entstehen beim ungleichmäßigen Abkühlen und Schwinden an den Stellen der letzten Erstarrung. Man versteht darunter nach außen offene oder geschlossene Hohlräume im Gußstück (Bild 237).

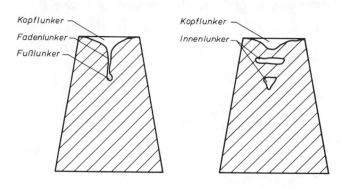

Bild 237

Anordnung und Form von Lunkern im Gußblock

Mikrolunker bilden sich zwischen Tannenbaumkristallen aus.
Lunker lassen sich nicht vollständig vermeiden, man kann jedoch dafür sorgen, daß sie sich an unschädlichen Stellen (z.B. Steigern) bilden.

Konstruktive Maßnahmen gegen Lunkerbildung

a) Vermeidung von Materialanhäufungen (Bilder 238 bis 243) [20],
b) Querschnitt zum Speiser hin kontinuierlich vergrößern (Heuverssche Kreismethode, Bilder 244 bis 246),
c) Rippen schwächer als die Wände wählen oder Ausbuchtungen anbringen Bilder 247 und 248).

Bild 238 Ausbildung von Kreuzungspunkten und Verzweigungen an Wänden

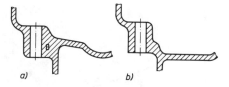

Bild 239 Anordnung von Befestigungsaugen
a) ungünstig, b) günstig

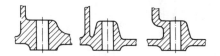

Bild 240
Verbesserung einer Lagerstelle mit 3 Wandanschlüssen

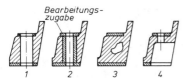

Bearbeitungs-
zugabe

1   2   3   4

Umgestaltung eines Befestigungsauges

Bild 241

Umgestaltung eines Befestigungsauges

(1 ursprüngliche ungünstige Konstruktion,
2 Gußausführung mit Bearbeitungszugabe,
3 Vollguß, ungünstig wegen Lunkergefahr,
4 gieß- und bearbeitungstechnisch günstige
Gestaltung) [20]

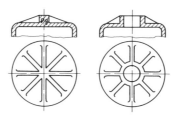

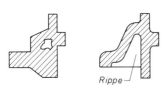

Rippe

Bild 242 Materialanhäufung durch
Verrippung beseitigt

Bild 243 Werkstoffanhäufung durch
Ringwulst aufgelöst

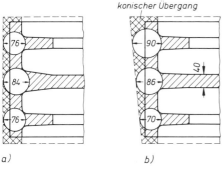

konischer Übergang

76   90
84   86   40
76   70

a)   b)

Bild 244

Festlegen der Wanddicken eines
Radkranzes mittels der
Heuversschen Kontrollkreise [20]
a) ungünstig
b) günstig

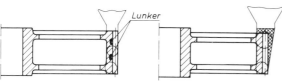

Lunker

Bild 245 Festlegung der Materialzugabe zur Dichtspeisung eines Zahnkranzes [20]

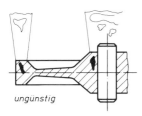

ungünstig

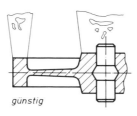

günstig

Bild 246

Maßnahmen zur Vermeidung
der Lunkerbildung bei einem
Schwungrad [13]

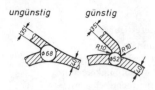

Bild 247 Wandverzweigung [20]

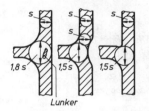

Bild 248
Knotenpunkte

Gießtechnische Maßnahmen gegen Lunkerbildung

a) Gattieren auf ein geringes Schwindmaß (naheeutektische Legierung),
b) niedrige Gießtemperatur,
c) geringes Temperaturgefälle in der Gußwand (geringe Abkühlgeschwindigkeit),
d) bei geringen Wanddicken evtl. gleichmäßige, rasche Abkühlung (z.B. Abschreckplatten),
e) dünne Querschnitte heizen, um den Durchgang zu größeren offen zu halten,
f) gelenkte Abkühlung bei ungleichen Wanddicken,
g) Einlegen von Kühlkörpern in dicke Querschnitte (Nägel, Platten),
h) Anwendung von Steigern, Speisern, verlorenen Köpfen.

Maßnahmen gegen Lunkerbildung durch Beeinflussung der Erstarrung

a) Heißes Material in Trichter nachgießen,
b) Anschneiden des kleinsten Querschnittes,
c) Steuerung der Gießgeschwindigkeit.

Gasblasenlunker entstehen durch:

a) vom Gießstrahl mitgerissene Luft,
b) Gase aus dem Formwerkstoff,
c) Gase aus den Kühlkörpern,
d) Gase aus Spritzkugeln,
e) aus der Schmelze freiwerdende Gase.

Sonstige gießtechnisch vermeidbare Fehler

a) Schlacken, Schaum- und Sandeinschlüsse,
b) Schülpen (schalenförmig abgelöste Sandteile),
c) Anbrennen des Formstoffes,
d) Nichtausfüllen der Form.

11.3.5.3 Formgerechter Entwurf

a) Teil muß einformbar sein,
b) Abhebeschrägen, Kanten- und Eckenrundungen (Bild 249),
c) keine Hinterschneidungen,
d) keine Ansteckteile (solche Teile sollen sich fest am Modell befinden, Bild 250),
e) einfache Modellteilung (Bild 251),
f) wenig Kerne, keine Außenkerne (Bild 252),
g) ausreichende Luft- und Gasabführung (horizontale Flächen vermeiden, Bild 253).

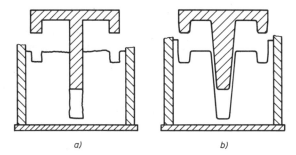

Bild 249

Modelleinformung

a) ohne Abhebeschräge und Kanten-
   rundungen, Formbeschädigungen,
b) richtige Gestaltung

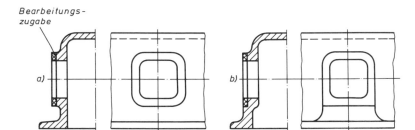

Bild 250 Gehäusedurchbruch [20]. a) Ausformen des Durchbruches macht Losteil am Modell
erforderlich, b) durch Umgestaltung Losteil vermieden

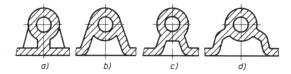

Bild 251 Gestaltung eines Lagers unter Beachtung guter Einformbedingungen [20]
a) erster Entwurf, zweiteilige Form erforderlich,
b) Billige, einteilige Form möglich, aber Materialanhäufung,
c) Materialanhäufung verhindert, schwierige Formarbeit,
d) leicht formbar, keine Materialanhäufung

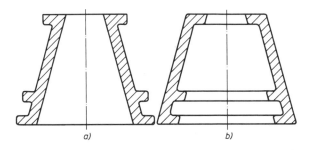

Bild 252

Umgestaltung eines Maschinen-
fundamentes

a) Außenkern erforderlich,
   ungünstig,
b) nur Innenkern erforderlich,
   günstig

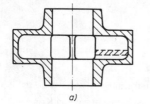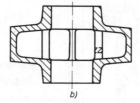

a)   b)

Bild 253

Gestaltung einer Trommel [18]

a) ungünstige Luftabführung, Rippen
b) verbesserte Luftabführung durch
   Schrägstellung der Wände, Stege
   statt Rippen

11.4 Schweißen, Löten und Kleben von Metallen

Durch Schweißen, Löten und Kleben lassen sich unlösbare Verbindungen zwischen warm oder kalt geformten, in begrenztem Maße auch zwischen gegossenen Metallen herstellen. Auch Kombinationen geformt/gegossen sind möglich.

11.4.1 Schweißen von Metallen [42]

Unter Schweißen versteht man das Vereinigen von Werkstoffen oder das Beschichten eines Grundwerkstoffes unter Anwendung von Wärme oder Druck oder von beidem, und zwar mit oder ohne Zugabe von Schweißzusatzwerkstoff mit gleichem oder nahezu gleichem Schmelzbereich.

Da bei den meisten Schweißverfahren Wärme zugeführt wird, muß man mit einer örtlichen *Beeinflussung der Werkstoffeigenschaften* in der Umgebung der Naht rechnen (Bild 254). Hierauf ist Rücksicht zu nehmen, wenn man die Schweißbarkeit des Werkstoffs beurteilen will. Bei unlegierten Stählen mit erhöhtem Kohlenstoffgehalt ($> 0,25$ %) ist beispielsweise mit einer *Aufhärtung* in der wärmebeeinflußten Zone (WEZ) zu rechnen. Analog hierzu kann es zu *Ausscheidungen* (im Korn oder an den Korngrenzen), zu Heiß- oder Kaltrissen kommen, wenn die jeweiligen Werkstoffeigenschaften nicht berücksichtigt werden. Bei rascher Abkühlung von Schmelztemperatur kann es zur *Zwangslösung von Gasen* (z.B. von Wasserstoff) kommen und es muß mit *Eigenspannungen* gerechnet werden. Der Schweißingenieur hat demnach die Aufgabe, Werkstoff, Verfahren und konstruktive Ausbildung so aufeinander abzustimmen, daß eine sichere Schweißkonstruktion entsteht.

Zur Lösung dieser Aufgabe stehen heute sowohl zum Schweißen geeignete Werkstoffe als auch zahlreiche, dem jeweiligen Anwendungszweck angepaßte *Schweißverfahren* zur Verfügung. Die zeitliche Entwicklung der Verfahren geht aus Bild 255 hervor, eine Zusammenstellung der heute üblichen Schweißverfahren ist Bild 256 zu entnehmen. Einige von ihnen wurden bereits erwähnt (Unterpulverschweißen und Widerstandsschweißen für Rohrlängsnähte, Schockschweißen für das Plattieren).

Um bei hohen Temperaturen *Reaktionen mit der Umgebungsatmosphäre* zu verhindern, verwendet man Schutzgase, die entweder unmittelbar (Argon, CO_2 bei Schutzgasverfahren) oder mittelbar (aus der Elektrodenumhüllung oder dem Pulver stammend) zugegeben werden.

Verfahren mit *hoher Leistungsdichte* gestatten eine sehr konzentrierte Wärmezufuhr, so daß Verzug und Breite der WEZ klein gehalten werden können. Beispiele hierfür sind das Elektronenstrahl-, Laser- und Plasmaschweißen.

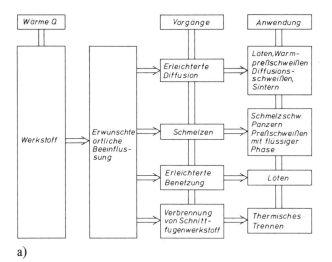

a)

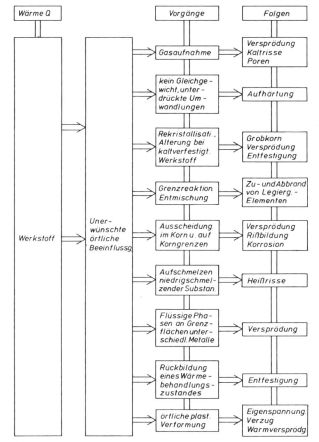

b)

Bild 254

Werkstoffbeeinflussung durch
örtliche Wärmezufuhr

a) Erwünschte Beeinflussung

b) Unerwünschte Beeinflussung

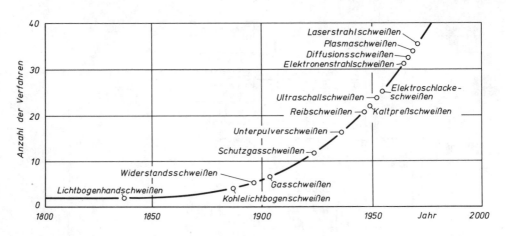

Bild 255 Zeitliche Entwicklung der Schweißverfahren

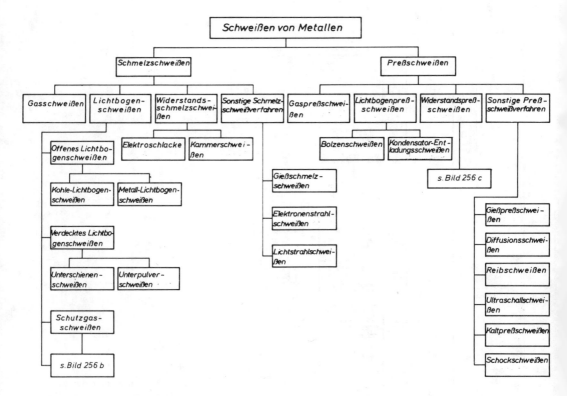

Bild 256a Metall-Schweißverfahren

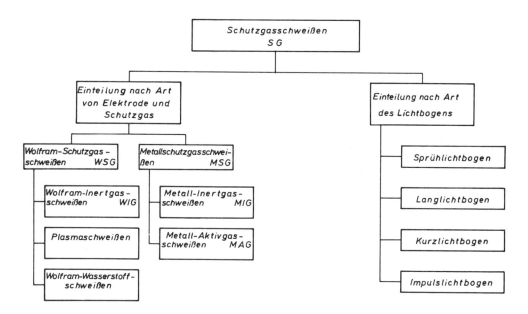

Bild 256b Schutzgas-Schweißverfahren

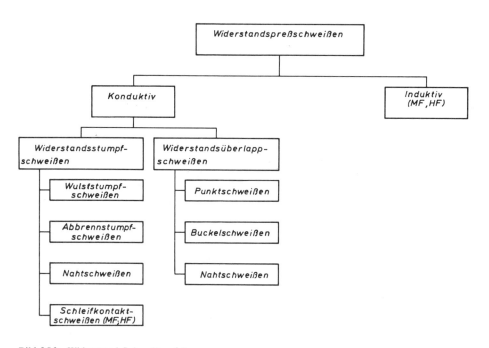

Bild 256c Widerstand-Schweißverfahren

Zur Erhöhung der Wirtschaftlichkeit kann bei gleichartigen Verbindungen oder bei langen Nähten (Stahlbau, Schiffbau) auf eine mechanisierte oder automatisierte Fertigung übergegangen werden, gegebenenfalls unter Verwendung von rechnergesteuerten Manipulatoren.

11.4.2 Löten von Metallen

Beim Metallöten werden die Werkstoffe im Gegensatz zum Schweißen durch schmelzende metallische Zulegestoffe vereinigt, deren Schmelzpunkt unterhalb des Soliduspunktes der zu vereinigenden Teile liegt. Die Werkstoffe werden benetzt, jedoch nicht angeschmolzen. Je nach *Arbeitstemperatur* (günstigste für das Ausbreiten des Lotes zu wählende Temperatur) unterscheidet man zwischen *Weichlöten* ($< 450\ ^\circ$C), *Hartlöten* ($> 450\ ^\circ$C) und *Hochtemperaturlöten* ($> 800\ ^\circ$C). Um eine Benetzung zu ermöglichen, müssen die Fügeteiloberflächen metallisch rein sein, was man durch Verwendung eines *Flußmittels* (es löst z.B. die auf der Oberfläche befindlichen Oxide), durch ein Schutzgas (es reduziert die Oxide) oder durch Löten im Vakuum erreichen kann.

Das Lot soll die zur Erreichung der Arbeitstemperatur benötigte Wärme in der Regel indirekt, also über eine Erwärmung des Fügeteils beziehen. Im Gegensatz zum Schweißen ist die Erwärmung flächenhaft.

11.4.3 Kleben von Metallen

Unter Metallkleben versteht man das Fügen gleichartiger oder ungleichartiger Metalle mit Hilfe organischer oder anorganischer Klebstoffe bei Raumtemperatur oder unter mäßiger Erwärmung. Der Klebprozeß ist auch auf Verbindungen zwischen Metallen und Nichtmetallen anwendbar.

Vor dem Kleben sind die Fügeteiloberflächen sorgfältig zu reinigen, damit sie vom Kleber benetzt und atomare Bindekräfte wirksam werden können.

Als *Klebstoffe* verwendet man hochmolekulare synthetische Stoffe, die durch flüchtige Lösungsmittel, Verdünner oder durch niedermolekulare Weichmacher und Füllstoffe modifiziert werden. Dadurch lassen sich ihr elastisch-plastisches Verhalten sowie ihre Verarbeitungs- und Stoffeigenschaften beeinflussen. Die wichtigsten Kunststoffe, die zur Metallverklebung dienen, sind Phenolharze, Epoxidharze, Polyamide, Polyisozyanate, ungesättigte Polyesterharze und Harze auf Kautschukbasis. Ihre Auswahl richtet sich nach dem jeweiligen Verwendungszweck.

Die gewöhnlich unvernetzt vorliegenden Klebstoffe werden zwischen die zu verbindenden Fügeteile gebracht und *ausgehärtet*. Der wesentliche Vorgang ist die dabei ablaufende Vernetzung, die zu einer festen Verbindung führt. Diese Vernetzung, teilweise durch Zugabe von Härtern oder Beschleunigern unterstützt, erfolgt über eine Polymerisation, Polykondensation oder Polyaddition.

Bei der Gestaltung von geklebten Konstruktionen ist darauf zu achten, daß die Beanspruchung möglichst parallel, nicht senkrecht zur Klebebene erfolgt.

12 Verarbeitung der Kunststoffe

12.1 Spanlose Umformung

Umformverfahren für Thermoplaste

Gleichmäßige Erwärmung (Gas, Luft, Flüssigkeiten, Heizelemente, Strahlung) bis in den thermoelastischen Zustand. Die Umformkräfte müssen wegen der Rückstellwirkung bis zur Abkühlung in den Bereich FEST (Bild 97) aufrechterhalten werden, bei PVC hart z.B. bis ca. 50 °C.

Abkanten und Biegen (Bild 257)

Die Abkantradien sollten den Wert $r \approx 2 \cdot s$ nicht unterschreiten.

Ziehformen (Bilder 258 und 259)

Man unterscheidet zwischen

a) Tiefziehen
b) Formstanzen

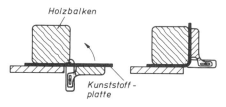

Bild 257 Abkanten von Kunststoffen [13]

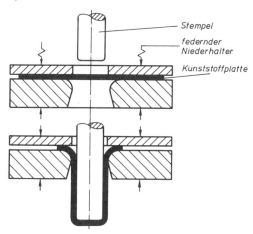

Bild 258 Tiefziehen von Kunststoffen [13]

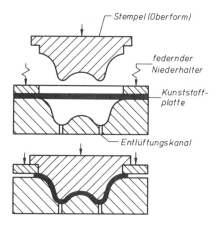

Bild 259 Formstanzen von Kunststoffen [13]

Streckformen (Bilder 260 bis 262)

Die Methoden des Streckformens gliedern sich in

a) Mechanisches Streckformen
b) Blasen
   in den freien Raum
   in eine Gegenform
c) Saugen mit und ohne Vorstrecken in Negativform, mit Vorstrecken in Positivform.

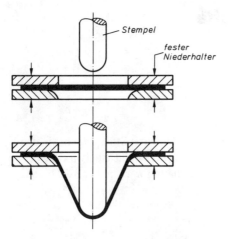

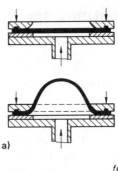

Bild 260 Mechanisches Streckformen

a)

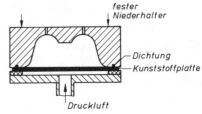

Bild 261 Blasformen
a) Blasen in den freien Raum
b) Blasen in eine Gegenform

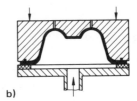

b)

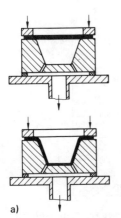

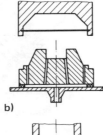

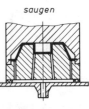

a)

b)

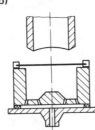

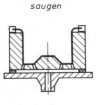

Bild 262

Saugen

a) Saugen in Negativform
   ohne Vorstrecken
b) Saugen in Positivform
   mit Vorstrecken
c) Saugen in Negativform
   mit Vorstrecken

c)

Nach Erwärmen bis in den thermoplastischen Bereich lassen sich Kunststoffe verarbeiten durch

Kalandrieren (Bild 263)
zur Herstellung von Folien,

Spritzen
zur Herstellung von Spritzgußteilen. Auch das Ummanteln von Draht kann nach diesem Prinzip erfolgen (Bild 264).

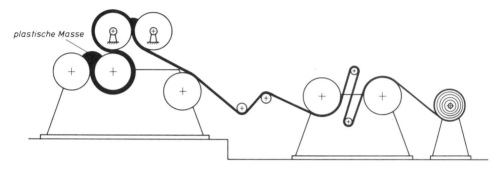

Bild 263 Herstellung von Folien im Kalander

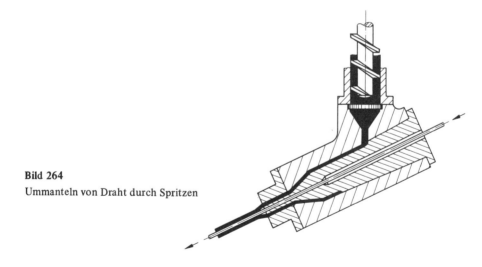

Bild 264
Ummanteln von Draht durch Spritzen

Extrudieren

Etwa zwei Drittel aller Kunststoffe werden durch Extrudieren verarbeitet, ein Verfahren, das dem Spritzen nahe verwandt ist.Das Kunststoffpulver oder – granulat wird durch Aufheizen plastifiziert und durch Kolben – oder (meist) Schneckenextruder durch eine Matrize gepreßt, deren Form die Gestalt des Erzeugnisses bestimmt. Das Verfahren entspricht demnach weitgehend dem von der Metallverarbeitung her bekannten Strangpressen. Gefertigt werden Rohre und Profile, in Breitschlitzextrudern auch Folien. Rohre können dann unmittelbar anschließend durch Blasformen zu Hohlkörpern (z.B. Benzintanks) weiterverarbeitet werden (Extrusionsblasformen).

Umformverfahren für Duroplaste

Pressen (Bild 265)

a) Formpressen
b) Spritzpressen
c) Strangpressen

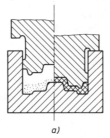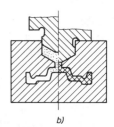

a)   b)

Bild 265 Pressen von Duroplasten
a) Formpressen b) Spritzpressen

Regeln für die Gestaltung von Preßteilen

Neigung von Innen- und Außenflächen zur Erleichterung des Entfernens der Teile aus dem Werkzeug. Wanddicken > 1 mm, mit größer werdender Preßteiltiefe ansteigend. Abrundungen zur Schonung der Werkzeuge und für besseres Fließen. Versteifungen durch Rippen und Wölbungen, da der E-Modul von Kunststoffen niedrig liegt ($\frac{1}{15}$ ... $\frac{1}{20}$ von Stahl).

12.2 Spangebende Umformung

Eine spangebende Umformung wird bei Kunststoffen wegen der guten Möglichkeiten für eine spanlose Erzeugung von Teilen mit genauen Abmessungen und guter Oberfläche weitgehend vermieden. Bei spanabhebender Bearbeitung sind im übrigen die dem Werkstoff angepaßten Werkzeuge, Schnittgeschwindigkeiten usw. zu wählen.

12.3 Schweißen und Kleben von Kunststoffen

12.3.1 Schweißen von Kunststoffen

Kunststoffschweißen ist ein Vereinigen von *thermoplastischen,* d.h. nicht härtbaren Kunststoffen gleicher oder verschiedener Art unter Anwendung von Wärme und Druck mit oder ohne Zusetzen von Kunststoff als Zusatzwerkstoff.
Beim Schweißen schmilzt der Kunststoff nicht, sondern er wird plastifiziert. Daher ist neben Wärme auch *Druck* erforderlich. Die schlechte Wärmeleitung bringt die Gefahr der Überhitzung mit sich. Die Schweißzeit ist daher kurz zu halten, so daß eine Zersetzung vermieden werden kann.
Je nach Art der Wärmeerzeugung ergeben sich eine Reihe von Verfahrensvarianten (Bild 266).

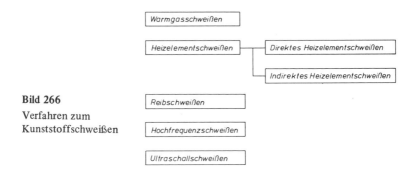

Bild 266
Verfahren zum
Kunststoffschweißen

12.3.2 Kleben von Kunststoffen

Durch Kunststoffkleben können gleichartige oder ungleichartige Verbindungen mit Hilfe eines Klebemittels hergestellt werden. Die Vereinigung erfolgt über physikalische oder chemische Bindung. Mit steigendem Anteil an chemischer Bindung nimmt die Bindungsfestigkeit zu.

Thermodynamisch läßt sich ableiten, daß für eine Adsorption des Klebers die Bedingung gilt

$$\gamma_{kl} < \gamma_{Fcr},$$

d.h. die Oberflächenspannung γ_{kl} des Klebers muß kleiner als die kritische Oberflächenspannung des Fügeteils sein. Dabei wird als kritische Oberflächenspannung γ_{Fcr} diejenige bezeichnet, bei der gerade eine Benetzung stattfindet. Je größer γ_{Fcr}, umso aktiver ist die Oberfläche.

In der Tabelle 50 sind einige Werte für die Oberflächenspannung enthalten.

Tabelle 50 Oberflächenspannungen von Klebern und kritische
Oberflächenspannungen von Fügeteilwerkstoffen

Kleber	γ_{kl} N/cm	Fügeteilwerkstoff	γ_{Fcr} N/cm
Phenolharz	$78 \cdot 10^{-5}$	Polyfluoräthylen	$16 \cdot 10^{-5}$
Polyurethan	$71 \cdot 10^{-5}$	Polyäthylen	$31 \cdot 10^{-5}$
Epoxidharz	$45 \cdot 10^{-5}$	Polystyrol	$33 \cdot 10^{-5}$
Polyvinylacetat	$38 \cdot 10^{-5}$	Epoxidharz	$45 \cdot 10^{-5}$
Nitrozellulose	$26 \cdot 10^{-5}$	Holz	$(200 \ldots 300) \cdot 10^{-5}$
		Eisen	$2000 \cdot 10^{-5}$
		Wolfram	$6000 \cdot 10^{-5}$

Man erkennt, daß beispielsweise Polyäthylen wegen seiner niedrigen kritischen Oberflächenspannung schwer klebbar sein muß. Durch eine geeignete Vorbehandlung der zu fügenden Flächen (z.B. Beizen) läßt sich die kritische Oberflächenspannung anheben, so daß die Benetzbarkeit durch den Kleber wesentlich verbessert wird.

Als Klebstoffe dienen Haftkleber auf Kautschukbasis, lösungsmittelhaltige Kontaktkleber (Polychloropren, Nitrilkautschuk, Polyurethan), Reaktionskleber (Epoxidharze, Polyurethan, Cyanacrylate), Schmelzkleber (Äthylen-Vinylacetat, Polyamide, Polyester).

Literatur

[1] *Hoff, H.:* Die Hüttenwerksanlagen, Bd. I, Anlagen zur Gewinnung und Erzeugung der Werkstoffe. Verlag von Julius Springer, Berlin 1938.

[2] Ruhrkohlen-Handbuch. 5. Auflage. Verlag Glückauf GmbH, Essen 1969.

[3] *Hofmann, E.* und *A. Kappelmayer:* Wärmetechnisches Verhalten einer neuzeitlichen Winderhitzergruppe für höchste Windtemperaturen im Zwei- und Drei-Erhitzerbetrieb. Stahl und Eisen (1966), H. 24, S. 1594–1601.

[4] *Baukloh, W.:* Scientia Chemica, Bd. 1. Die physikalisch-chemischen Grundlagen der Metallurgie. Akademie-Verlag, Berlin 1949.

[5] *Baur, E.* und *A. Glaessner:* Gleichgewicht der Eisenoxide mit Kohlenoxid und Kohlensäure. Z. phys. Chemie 43 (1903), S. 354–368.

[6] *Schulz, H.-P.:* Erfahrungen bei der Nachentschwefelung von Roheisen. Stahl und Eisen 89 (1969), H. 6, S. 249–262.

[7] Akademischer Verein Hütte e.V.: Hütte, Taschenbuch für Eisenhüttenleute. 5. Auflage. Verlag von Wilhelm Ernst u. Sohn, Berlin 1961.

[8] *Kalling, B.* und *F. Johansson:* Frischen mit Sauerstoff im Drehofen nach dem Kaldoverfahren. Stahl und Eisen 77 (1957), H. 19, S. 1308–1315.

[9] *Graef, R.:* Grundlagen und Ergebnisse der Stahlerzeugung im Rotor. Stahl und Eisen 77 (1957), H. 1, S. 1–10.

[10] *Gerling, W.* und *K.-H. Bauer:* Betriebserfahrungen beim Strangguß von Brammen aus kohlenstoffarmen Stählen. Stahl und Eisen 82 (1962), H. 20, S. 1349–1356.

[11] *v. Ende, H.* und *K. G. Speith:* Stranggießen von Stahl. Zeitschr. f. Metallkunde 60 (1969), H. 4, S. 258–266.

[12] *Krause, E.:* Untersuchungen über das Kaltpreßschweißen von Verbundkörpern verschiedener Werkstoffpaarungen in Vorwärtsvollfließpreßvorgängen. Diplomarbeit, TU Braunschweig 1968.

[13] *Schimpke-Schropp-König:* Technologie der Maschinenbaustoffe. 18. Auflage. S. Hirzel Verlag, Stuttgart 1977.

[14] Phoenix-Rheinrohr AG: Herstellung von Rohren. Düsseldorf 1963.

[15] Akademischer Verein Hütte, e.V.: Hütte, Taschenbuch für Betriebsingenieure (Betriebshütte), Bd. I, Fertigungsverfahren. Verlag von Wilhelm Ernst u. Sohn, Berlin 1964.

[16] Beratungsstelle für Stahlverwendung: Falzen von Stahlblech. Merkblatt über sachgemäße Stahlverwendung Nr. 174.

[17] Institut de Recherches de la Sidérurgie Francaise: De Ferri Metallographia. Bd. III. Verlag Berger-Levrault, Paris 1967.

[18] Verein Deutscher Gießereifachleute: Das Gießereiwesen. 3. Auflage. Gießerei-Verlag, Düsseldorf 1953.

[19] Verein Deutscher Eisenhüttenleute: Die Technik des Eisenhüttenwesens. 14. Auflage. Verlag Stahleisen, Düsseldorf 1937.

[20] Verein Deutscher Gießereileute und Verein Deutscher Ingenieure: Konstruieren mit Gußwerkstoffen. Gießerei-Verlag GmbH, Düsseldorf 1966.

[21] Fachausschuß Feinguß im Verein Deutscher Gießerei-Fachleute e.V. und Zentrale für Gießereiverwendung: Feinguß. Düsseldorf 1964.

[22] *Nägele, R.:* Erfahrungen mit dem Gas-Nebel-Verfahren (Cold-Box-Verfahren) zur Kernherstellung. Gießerei 56 (1969), H. 11, S. 298–304.

[23] *Zeuner, H.:* Guß-Verbund Schweißung, Heft 9 der Schriftenreihe Guß und seine Verwendung. Zentrale für Gußverwendung, Düsseldorf 1968.

[24] *Beckert, M.* und *H. Klemm:* Handbuch der metallographischen Ätzverfahren. 2. erweiterte Auflage. VEB Deutscher Verlag für Grundstoffindustrie, Leipzig 1966.

[25] *Hansen, M.:* Constitution of binary alloys. McGraw-Hill Book Company, New York 1958.

[26] Verein Deutscher Eisenhüttenleute: Werkstoffhandbuch. Stahl und Eisen. 4. Auflage. Verlag Stahleisen mbH, Düsseldorf 1965.

[27] Stahlschlüssel. 9. Auflage. Verlag Stahlschlüssel Wegst KG, Marbach 1971.

[28] Aluminium-Zentrale e.V. Düsseldorf: Aluminium-Taschenbuch. 13. Auflage. Aluminium-Verlag GmbH, Düsseldorf 1974.

[29] *Rapatz, F.:* Edelstähle. 5. Auflage. Springer-Verlag, Berlin 1962.

[30] Nickel-Informationsbüro: Physikalische Eigenschaften der Eisen-Nickel-Legierungen. Düsseldorf 1964.

[31] *Menges, G.:* Abschätzen der Tragfähigkeit mäßig beanspruchter Kunststoff-Formteile. Kunststoffe **57** (1967), H. 6, S. 476–484.

[32] *Kuntze, W.:* Wege zur Erkennung der mechanischen Wertigkeit von Schweißnähten. Autogene Metallbearbeitung **34** (1941), H. 15, S. 241–246.

[33] *Siebel, E.:* Handbuch der Werkstoffprüfung. 2. Auflage, Bd. II. Die Prüfung der metallischen Werkstoffe. Springer-Verlag, Berlin 1955.

[34] *Lienhard, E. W.:* Neue Prüfmethoden zur Bestimmung der Festigkeit und der Sprödbruchanfälligkeit metallischer Werkstoffe. Oerlikon Schweißmitteilungen **11** (1965), H. 32, S. 4–12.

[35] *Neuber, H.:* Kerbspannungslehre. 2. Auflage. Springer-Verlag, Berlin 1958.

[36] Deutsche Bundesbahn: DV 952, Vorschrift für das Schweißen von Fahrzeugen, Maschinen und Geräten. Bundesbahndirktion München 1962.

[37] *Gaßner, E.:* Betriebsfestigkeit: Eine Bemessungsgrundlage für Konstruktionsteile mit statistisch wechselnden Betriebsbeanspruchungen. Konstruktion **6** (1954), H. 3, S. 97–104.

[38] BASF Werkstoffblätter: Kunststoffe in der Prüfung.

[39] *Pabst, F.:* Kunststofftaschenbuch. 17. Auflage. Carl Hanser Verlag, München 1967.

[40] *Wincierz, P.:* Entwicklungslinien der Metallhalbzeug-Technologie, Metallkunde **66** (1975), H. 5, S. 235–248.

[41] *Slevolden, S.:* Metals and Materials **6** (1972), S. 94.

[42] *Ruge, J.:* Handbuch der Schweißtechnik, 2. Aufl., Springer-Verlag, Berlin 1980.

[43] *Nordsiek, K.-H., K. zur Nedden* und *K. M. Kiepert:* Kautschuke, Kunststoffe **66** (1976), H. 10, S. 647–655.

[44] *Edenhofer, B.:* Ionitrieren für die Kunststoffverarbeitung, Kunststoffe **66** (1976), H. 9, S. 516–522.

Sachwortverzeichnis

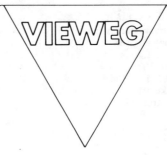

Paul Guillery, Rudolf Hezel und Bernd Reppich

Werkstoffkunde für die Elektrotechnik

Mit 155 Abb. 5. durchges. Aufl. 1982. X, 240 S. DIN C 5 (uni-text). Pb.

Dieses Lehrbuch wendet sich an Studenten der Elektrotechnik und der Werkstoffwissenschaften ab 1. Semester an Fachhochschulen und Hochschulen sowie an Ingenieure der Elektrotechnik. Es ist in zwei Teile gegliedert. Der erste Teil beschäftigt sich mit dem Aufbau und den Eigenschaften der Werkstoffe und behandelt die wichtigsten Werkstoffgruppen (Eisenwerkstoffe, Nichteisenmetalle, nichtmetallische Werkstoffe). Der zweite Teil gliedert sich nach den elektrotechnischen Anwendungsbereichen: Zunächst werden die Einblicke in den Aufbau der Werkstoffe von elektrophysikalischen Gesichtspunkten aus vertieft. Anschließend werden behandelt: metallische Leiter- und Widerstandswerkstoffe, Supraleiter, Kontaktwerkstoffe, Halbleiter, Isolierstoffe, Flüssigkristalle, die Wärmeleitfähigkeit, Magnetwerkstoffe. Dabei wird aus der Fülle der Werkstoffe, mit denen der Elektroingenieur heute zu tun hat, jeweils das Typische der einzelnen Werkstoffgruppen herausgestellt und insbesondere — der allgemeinen Entwicklung der modernen Werkstoffwissenschaft folgend — das Verständnis für die Zusammenhänge zwischen Struktur und Eigenschaften vermittelt.

Eckard Macherauch

Praktikum in Werkstoffkunde

Skriptum für Ingenieure, Metall- und Werkstoffkundler, Werkstoffwissenschaftler, Eisenhüttenleute, Fertigungs- und Umformtechniker. Mit 501 Abb. 4., überab. und verb. Aufl. 1983. VIII, 439 S. DIN C 5 (uni-text). Pb.

Das Buch vermittelt den Studenten der Ingenieurwissenschaften und der werkstoffwissenschaftlich orientierten Fächer einen systematischen Zugang zu grundlagen- und anwendungsorientierten Fragestellungen der Werkstoffkunde. Dabei werden in ausgewogener Weise sowohl werkstoffwissenschaftliche als auch werkstofftechnische Problemkreise angesprochen. An Hand einer sachlich und didaktisch begründeten Folge von 96 exemplarischen Versuchen wird fortschreitend ein vertiefter Einblick in werkstoffkundliche Zusammenhänge und die zu ihrer Aufklärung geeigneten Untersuchungsmethoden gegeben. Sowohl moderne Experimentalmöglichkeiten zur Charakterisierung von Werkstoffzuständen als auch die wichtigsten Methoden und Verfahren der Werkstoffprüfung werden angesprochen. Bei den einzelnen Versuchen werden jeweils zunächst die erforderlichen Grundlagenkenntnisse ausführlich beschrieben und anschließend zur Bearbeitung der Fragestellung geeignete Methoden und Experimentaleinrichtungen vorgestellt.